人类生活的保障

聚落环境

JULUO HUANJING

鲍新华　张　戈　李方正◎编写

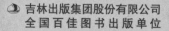

吉林出版集团股份有限公司

全国百佳图书出版单位

图书在版编目（CIP）数据

人类生活的保障——聚落环境 / 鲍新华，张戈，李方正
编写. -- 长春：吉林出版集团股份有限公司，2013.6（2023.5重印）
（美好未来丛书）
ISBN 978-7-5463-2073-1

Ⅰ.①人… Ⅱ.①鲍… ②张… ③李… Ⅲ.①聚落环
境－青年读物②聚落环境－少年读物 Ⅳ.①X21-49

中国版本图书馆CIP数据核字(2013)第123534号

人类生活的保障——聚落环境
RENLEI SHENGHUO DE BAOZHANG JULUO HUANJING

编　　写	鲍新华　张　戈　李方正	
责任编辑	宋巧玲	
封面设计	隋　超	
开　　本	710mm×1000mm　　1/16	
字　　数	105千	
印　　张	8	
版　　次	2013年 8月 第1版	
印　　次	2023年 5月 第5次印刷	

出　　版	吉林出版集团股份有限公司
发　　行	吉林出版集团股份有限公司
地　　址	长春市福祉大路5788号
	邮编：130000
电　　话	0431-81629968
邮　　箱	11915286@qq.com
印　　刷	三河市金兆印刷装订有限公司

书　　号	ISBN 978-7-5463-2073-1
定　　价	39.80元

前　言

　　环境是指围绕着某一事物（通常称其为主体）并对该事物产生某些影响的所有外界事物（通常称其为客体）。它既包括空气、土地、水、动物、植物等物质因素，也包括观念、行为准则、制度等非物质因素；既包括自然因素，也包括社会因素；既包括生命体形式，也包括非生命体形式。

　　地球环境便是包括人类生活和生物栖息繁衍的所有区域，它不仅为地球上的生命提供发展所需的资源与空间，还承受着人类肆意的改造与冲击。

　　环境中的各种自然资源（如矿产、森林、淡水等）不仅构成了赏心悦目的自然风景，而且是人类赖以生存、不可缺少的重要部分。空气、水、土壤并称为地球环境的三大生命要素，它们既是自然资源的基本组成，也是生命得以延续的基础。然而，随着科学技术及工业的飞速发展，人类向周围环境索取得越来越多，对环境产生的影响也越来越严重。人类对各种资源的大量掠夺和各种污染物的任意排放，无疑都对环境产生了众多不可逆的伤害。

　　人类活动对整个环境的影响是综合性的，而环境系统也从各个方面反作用于人类，其效应也是综合性的。正如恩格斯所说："我们不要过分陶醉于我们对自然界的胜利。对于每一次这样的胜利，自然界都报复了我们。"于是，各种环境问题相继产生。全球变暖导致的海平面上升，直接威胁着沿海的国家和地区；臭氧层的空洞，使皮肤病等疾病的发病率大大提高；对石油无节制的需求，在使环境质量受到严重考验的同时，不禁令我们担心子孙后辈是否还有能源可用；过度的捕鱼已超过了海洋的天然补给能力，很多鱼类的数量正在锐减，甚至到了灭绝的边缘，而其他动植物也正面临着同样的命运；越来越多的核废料在处理上遇到困难，由于其本身就具有可能泄漏的危险，所以无论将其运到哪里，都不可避免地给环境造成污染。厄尔尼诺现象的出现、土地荒漠化和盐渍化、大片森林绿地的消失、大量物种的灭绝等现象无一不警示人们，地球环境已经处于一种亚健康的状态。

放眼世界，自20世纪六七十年代以来，环境保护这个重大的社会问题已引起国际社会的广泛关注。1972年6月，来自113个国家的政府代表和民间人士，参加了联合国在斯德哥尔摩召开的人类环境会议，对世界环境及全球环境的保护策略等问题进行了研讨。同年10月，第27届联合国大会通过决议，将6月5日定为"世界环境日"。就中国而言，环境问题是中国人民21世纪面临的最严峻的挑战之一，保护环境势在必行。

本套书籍从大气环境、水环境、海洋环境、地球环境、地质环境、生态环境、生物环境、聚落环境及宇宙环境等方面，在分别介绍各环境的组成、特性以及特殊现象的同时，阐述其存在的环境问题，并针对个别问题提出解决策略与方案，意在揭示人与环境之间的密切关系，人与环境之间互动的连锁反应，警醒人类重视环境问题，呼吁人们保护我们赖以生存的环境，共创美好未来。

目 录
MU LU

01 人类聚居的场所

　　聚落是人类聚居和生活的场所。聚落环境是人类在利用和改造自然的过程中，有目的、有计划地创造出来的生存环境。根据性质、功能和规模，其可分为院落环境、村落环境和城市环境。人们的一生绝大部分时光是在聚落中度过的，聚落环境是与人类的生产和生活最密切、最直接的环境。因此，古往今来，聚落环境都受到人们的普遍关注。1976年，在比利时的布鲁塞尔召开了关于聚落环境的专门会议，研究、讨论聚落环境问题。

　　聚落环境的发展历史悠久。人类由筑巢而居到建室专居，由逐水

▲ 人类理想的聚居场所

草而居到定居，由散居到群居，由村落发展成为城市，反映了人类在为生存而斗争的过程中保护自己、征服自然的历史。人类正是由于学会了修建房舍和其他防护设备，才把自己的活动领域从热带、温带扩展到寒带乃至极地，创造出各种形式的聚落环境。总的说来，随着社会的发展，聚落为人类提供了日益方便、安适的工作与生活环境，但与此同时，由于人口密集、人类活动频繁，聚落也出现了一些局部污染问题。

❶ 筑巢

筑巢是建造窝巢的动作和过程。大多数鸟在繁殖季节，都会在它们的巢区以内，选用植物纤维、树枝、树叶、杂草泥土、兽毛或鸟羽等物，筑成可使鸟卵不致滚散、躲避天敌和利于亲鸟喂雏的巢窝。

❷ 村落

村落（在考古学和其他语言汉译时，也会称其为"聚落"）主要指大的聚落或多个聚落形成的群体，常用作现代意义上人口集中分布的区域，包括自然村落和村庄区域。规模较大的聚落，居住密度高、人口众多的聚落形成"村镇"、"集镇"。

❸ 热带

热带是南北回归线之间的地带，地处赤道两侧。该带太阳高度终年很大，且一年有两次太阳直射的机会。热带全年高温，且变幅很小，只有雨季和干季或相对热季和凉季之分。

02 院落环境

▲ 中国传统院落环境

　　院落环境是由一些功能不同的建筑物及同它们联系在一起的场院所组成的基本环境单元。不同的院落环境在结构、布局、规模大小和现代化程度等方面有明显的不同。它可以简单到一座孤立的家屋，也可以复杂到一座大庄园。由于发展的不平衡，它可以是简陋的茅舍，也可以是具有防震、防噪声、防弹功能的现代化住宅。它不仅具有明显的时代特色，也有显著的地域色彩。千百年来，院落环境在保障人类工作、生活和健康，促进人类发展中起到了积极作用，但也相应地产生了一些消极的环境问题，其中主要是居民生活形成的废水、废气和废弃物造成的环境污染。

历史古迹中的许多院落环境都很优美。成都杜甫草堂虽然是茅屋，但门外有溪流，门内有榕树、梅树、荷花池，满园飘香；四川眉山的三苏祠，四周红墙环绕，主体庭院绿水萦绕，祠院内遍植翠竹，间有参天古树、池沼亭榭，古雅多趣。

不同的院落布局，会给人带来不一样的视听享受，同样也影响着人的心理情绪。就如同阴雨天，人们会感到压抑、伤感，而晴空万里时，人们就会心情愉悦。

❶ 茅舍

茅为茅草，舍乃居所，所以茅舍就是用茅草搭建（屋顶）的房屋，还可以称为茆舍、茅屋。古人多有居住于此类房屋的，如《三国志·蜀志·秦宓传》中记载："宓称疾，卧在茅舍。"我们常听人提到的刘备三顾茅庐的典故中，诸葛亮也是住在茅屋里的。

❷ 杜甫

杜甫，字子美，自号少陵野老，被后世尊称为"诗圣"，是中国唐代伟大的现实主义诗人、世界文化名人。他忧国忧民，人格高尚，诗艺精湛，对中国古典诗歌的影响非常深远。

❸ 三苏

三苏指北宋散文家苏洵和他的儿子苏轼、苏辙。三苏与韩愈、柳宗元、欧阳修、王安石、曾巩被称为唐宋八大家。宋仁宗嘉祐初年，苏洵和苏轼、苏辙父子三人来到东京（今河南开封市）。由于欧阳修的赏识和推誉，他们的文章很快著称于世。

03 村落环境

村落环境是指村落所处的环境。村落主要是农业人口聚居的地方。由于自然条件以及农业生产活动的种类、规模、现代化程度的不同，村落的类型也多种多样，如深山老林中的山村、平原上的农村、海滨湖畔的渔村等。当然，不同类型的村落各自所面临的环境问题也有所不同。

村落环境的主要特点是规模不大，人口不多，周围有广阔的原野和大面积的植被，环境容量大，自净能力强。村落环境面临的主要环境问题是农业污染及生活污染，尤其是施用农药、化肥所造成的污染。施用农药、化肥不仅会造成大气、水体的污染，威胁人们的健康，污染严重时甚至可使人畜中毒死亡。因此，必须加强农药及化肥的管理，严格控制施用剂量、时机和方法。另外，要大力开展综合利用，使农业及生活废弃物变废为宝，化害为利，发挥其积极作用。同时，还要充分利用太阳能、风能等自然能源，推广沼气应用等。这样既有利于生活，又可保护环境。

传统的乡村聚落是我们人类聚居环境的基本组成，也是中国数量最多、分布最广、文化历史最悠久的聚落形式。随着当今城市化进程的加快，村落环境已逐渐被城市环境所侵蚀。

▲ 村落环境

❶ 平原

　　平原是海拔较低的平坦的广大地区，海拔多在0～500米之间，一般都在沿海地区。根据高度可将平原分为低平原（海拔为0～200米）和高平原（海拔为200～500米）。又可根据成因将平原分为冲积平原、海蚀平原、冰蚀平原和冰碛平原。

❷ 环境容量

　　环境容量是在环境管理中实行污染物浓度控制时提出的概念。某一特定的环境（如一个城市、一片海域）对污染物的容量是有限的。其容量的大小取决于环境空间的大小、各环境要素的特性以及污染物自身的物理化学性质。如果污染物浓度超过环境所能承受的极限，环境将受到破坏。

❸ 化肥

　　化肥是化学肥料的简称，是以矿石、酸、合成氨等为原料经化学及机械加工制成的肥料，可为作物提供生长所需的营养元素。作物所需常量营养元素有碳、氢、氧、氮、磷、钾、钙、镁、硫；微量营养元素有硼、铜、铁、锰、钼、锌、氯等。过多地施用化肥会对环境造成负担，甚至破坏环境。

04 城市环境

城市环境是人类利用和改造自然而创造出来的高度人工化的生存环境。城市是人类社会发展到一定阶段，由于生产力的提高和生产关系的转变，随着私有制和国家的出现而出现的非农业人口聚居的场所。其聚居的人口至少在10万人以上。

远在奴隶社会，城市的发展已初具规模。中国3000多年前的商都已有城墙、宫室和冶炼铜的作坊、石工作坊、兵器作坊等。在封建社会，许多国家都建有相当宏伟的城市，中国唐朝的都城长安城区的规模比现在的西安市城区还要大。随着资本主义社会的发展，城市的发展也愈来愈快。特别是20世纪50年代以来，世界城市化进程日益加

▲ 城市环境

快，世界城市人口占总人口的比重也在逐年增加。现在世界上已有一半以上的人居住在城市。城市的规模也越来越大，许多大城市的人口已达千万以上。

现代城市的特点是规模大，人口集中，人口密度大，工商业、交通运输业高度集中，能量流、物质流、信息流异常强大。当然，不可否认，城市有现代化的工业、建筑、交通、运输、通讯、文化娱乐设施及其他服务行业，为居民的物质和文化生活创造了优越的条件，但由于人口过度密集、工厂林立、交通拥堵等因素，环境遭到严重的污染和破坏，给大气环境、水环境和生态环境带来了重大影响。

❶ 生产力

生产力就是人类运用各类专业科学工程技术，制造和创造物质文明和精神文明产品，满足人类自身生存和生活的能力。生产力的基本要素是生产资料、劳动对象和劳动者。目前，科学技术是推动人类社会经济文明发展的第一生产力。

❷ 奴隶社会

奴隶社会就是大部分物质生产领域的劳动者是奴隶的社会。劳力活动须以奴隶为主，无报酬，且无人身自由。它是原始社会瓦解后出现的人剥削人的社会。在这个社会中，奴隶主在经济和上层建筑居于主导地位，奴隶占有制生产方式决定着整个社会的基本发展方向。

❸ 生产关系

生产关系是指人们在物质资料生产过程中所结成的社会关系，它是人类社会存在和发展的基础。生产关系在生产发展的不同阶段，具有不同的性质和具体表现形式。生产工具标志生产力水平，而生产力决定生产关系。

05 创造良好的院落环境

　　院落环境是人类在发展过程中，为适应生产和生活上的需要而创造出来的基本环境单元，是人们生活、休息、游乐的主要场所。人们在长期的生活实践中，为了生活的需要，针对各地区的特点，结合当地的资源条件，因时因地地创造出各种丰富多彩的院落环境。如东南亚一带巴布亚人筑在树上的茅舍、北极因纽特人的冰屋，以及中国西南地区少数民族的竹楼，北方传统的四合院，内蒙古草原的蒙古包，黄土高原的窑洞，干旱地区的平顶房，寒冷地区的火墙、火炕等。这些各具特色的院落环境，为人们的生活创造了十分有利的条件。

　　各种院落环境因地方、气候不同存在相应的弊端。比如，南方房子阴凉通风，以致冬季在屋内比在屋外阳光下还要冷；北方房屋则注意保暖而忽视通风，以致屋内空气污染严重。院落环境中的污染源主要来自生活产生的废气、废水及废弃物。到现在为止，还有不少人家使用柴灶和煤炉，每日三餐，炊烟四起，向大气排放大量的污染物。即使处于工业区附近，院落环境中的大气污染多数也不是由工业生产导致的，而是由居民的生活形成的废气、废水和废弃物造成的。

① 北极地区

　　北极地区是北极圈以北的地区，包括北冰洋绝大部分水域，亚、欧、北美三洲大陆北部沿岸和洋中岛屿，总面积约2100万平方千米，其中陆地面积约800万平方千米。北冰洋中有丰富的可作为海鸟和海洋动物食物的鱼类和浮游生物，其周围大部分地区都比较平坦且没有树木生长，夏季温度稍有升高的情况下，植物得以生长，使驯鹿等食草动物和狼、北极熊等食肉动物得以存活。

❷ 因纽特人

因纽特人，旧称"爱斯基摩"人，是北极地区的土著人，分布在北美沿北极圈一带。因纽特人的祖先来自中国北方，大约是在一万年前从亚洲渡过白令海峡到达美洲的，也可能是通过冰封的海峡陆桥过去的。

❸ 蒙古包

蒙古包是蒙古族牧民居住的一种房子，呈圆形，有大有小，大者可容纳600多人，小者可以容纳20人。蒙古包建造和搬迁都很方便，适于牧业生产和游牧生活。其架设很简单，一般搭建在水草适宜的地方，根据蒙古包的大小先画一个圈，然后便可以按照圈的大小搭建。

▲ 窑洞属于特殊的院落环境

06 科学规划院落环境

　　想要创造出内部结构合理并与外部环境协调的院落环境，就要在院落环境的规划、设计和施工中加强环境科学的观念，并充分考虑到利用和改造自然。

　　所谓内部结构合理，是指各类房间要布局适当，组合成套，并且要有一定的灵活性和适应性，能够随着居民需要的变化而改变形状、大小、数目、布局和组合，机动灵活地利用空间，方便生活。所谓与外部环境协调，不仅仅指从美学观点出发，在建筑物的结构、布局、形态和色调上与外部环境相协调，更重要的是从生态学观点出发，充分利用自然生态系统中的能量流和物质流的迁移和转化规律来改善工

▲ 良好的院落环境

作和生活环境。比如，在院落的规划、设计中，要充分考虑到太阳能的利用，以便节约燃料，减少大气污染。

提倡院落环境园林化，在室内、室外、窗前、屋后种植瓜果、蔬菜和花草。这样做不仅可以美化环境，净化环境，而且其产品除可供人畜食用外，所收获的有机质和生活废弃物还可生产沼气，提供清洁能源，其废渣、废液又可用作肥料，以收获更多的有机质和能源。这样就能把院落环境建造成一个结构合理、功能良好、风光优美、空气清新的理想之所。

❶ 生态

生态一词源于古希腊语，意思是指家或者我们的环境，现在通常指生物（原核生物、原生生物、动物、真菌、植物五大类）的生活状态，生物之间和生物与环境之间的相互联系、相互作用，也指生物的生理特性和生活习性。

❷ 生态系统

生态系统指无机环境与生物群落构成的统一整体，其范围可大可小。无机环境是一个生态系统的基础，它直接影响着生态系统的形态；生物群落则反作用于无机环境，它既适应环境，又改变着周围的环境。

❸ 太阳能

太阳能是指太阳以电磁辐射形式向宇宙空间发射的能量。太阳内部高温核聚变反应所释放的辐射能，其中约二十亿分之一到达地球大气层，是地球上光和热的源泉。人类自古就懂得利用太阳能，如制盐和晒咸鱼等。现代一般利用太阳能发电，这是一种新兴的可再生环保能源。

07 城市的发展

城市是人类社会空间结构的一种基本形式。城市具有区别于乡村的若干特征：非农业人口集中，一定区域范围的中心，多种建筑物组成的物质设施的综合体等。在这些基本特征中，大量的从事工业、金融、商业、文教、交通等非农业生产活动的人口的集中，以及其政治、经济、文化中心的形成，是城市的本质特征，充分显示出其在国家和地区中的重要职能和作用。

由于城市人口集中，并且是商业、工业、经济、教育、政治等的中心，所以自古以来一直在不断地发展着。尤其是工业革命以来，形成了一股城市化的潮流。面对比较容易得到的谋生手段，眼看灯红酒绿的繁华都市，成千上万的人源源不断地从四面八方向城市涌去。

美国在19世纪中叶，德国在20世纪初叶，城市人口就开始超过全国人口总数的一半。1950年时全世界的城市人口占总人口的29.2%，1985年时达到41%，现在已超过50%。中国城市人口现在已接近50%，城市人口的增长速度比整个地球上人口的增长速度要快得多。

城市规模的急剧膨胀，一方面表现出大都市的繁华，同时也带来一系列环境问题：拥挤不堪的居住条件，日益严重的交通堵塞，污浊的空气，不洁的水源，垃圾无处堆放，噪声震耳欲聋。在一些不发达的城市里，不良环境甚至造成疾病蔓延。

▲ 城市一般工商业发达

① 工业革命

工业革命又称产业革命，发源于英格兰中部地区，是指资本主义工业化的早期历程，是以机器取代人力，以大规模工厂化生产取代个体工场手工生产的一场生产与科技革命。工业革命在18世纪60年代首先从纺织业开始，80年代因蒸汽机的发明和应用得到进一步发展。

② 水源

水源是水的来源和存在形式的总称，是地球表面生物生存的不可替代的资源。水源主要存在于海洋、河湖、冰川雪山等区域，它们通过大气运动等形式得到更新。各大高寒山脉和星系对应的天文潮汐落点都是地球水系的发源网点。

③ 噪声

噪声一般是指发声体做无规则振动时发出的声音。从环保的角度来说，凡是影响人们正常的学习、生活、休息等的一切声音，都称之为噪声。当噪声对人及周围环境造成不良影响时，就形成噪声污染。

08 城市规模扩大

▲ **城市规模不断扩大**

今天，人类居住在大城市的愿望依然十分强烈，所以城市还将继续发展。有专家说，都市集中化的过程正处在开始阶段，离结束还很远。就拿美国来说，21世纪出现了3个巨大都市群，即波士顿—华盛顿、芝加哥—匹兹堡、圣迭戈—旧金山。这3个超级都市群中居住的人口可达全美国人口的一半左右。这样的大城市直径可达200千米以上。

如此水平的城市发展显然不利于人类发展。这种城市占地面积大，大量侵占耕地，而且整个市政设施的管理和维护十分复杂，极易造成污染和资源浪费。针对这种情况，人们向新型城市注入了全新的思维。绝大多数的专家都认为，在21世纪中后期，超级城市将被人们所摒弃，10万~25万人口的城市将是基本的形式。这些小巧玲珑的城市，依靠崭新而独特的交通工具联系在一起，从而距离大大缩短。

在20世纪90年代初，城市建筑设计学家们提出了一系列发展未来高技术城市的构想，这种城市环境要尽善尽美，还要拥有洁净的饮水，绿树成荫，高楼林立，阳光充足等。

❶ 城市群

城市群是在特定的区域范围内云集相当数量的不同性质、类型和等级规模的城市，以一个或两个（有少数的城市群是多核心的例外）特大城市（小型的城市群为大城市）为中心，依托一定的自然环境和交通条件，城市之间的内在联系不断加强，共同构成一个相对完整的城市"集合体"。

❷ 耕地

耕地指种植农作物的土地，包括熟地，新开发、复垦、整理地，休闲地（含轮歇地、轮作地）。耕地是人类赖以生存的基本资源和条件，以种植农作物（含蔬菜）为主，间有零星果树、桑树或其他树木。进入21世纪，随着人口的不断增多，耕地正逐渐减少。

❸ 华盛顿

华盛顿，即华盛顿哥伦比亚特区，位于美国东北部，是美利坚合众国的首都，是为纪念美国开国元勋乔治·华盛顿和发现美洲新大陆的哥伦布而命名的。华盛顿是由法裔美国建筑师朗方规划的，当时的规划是基于马车作为基本交通工具的，因此华盛顿的道路系统并不适合现代汽车。

09 城市化对环境的影响

城市化对大气环境的影响主要有两个方面：城市要消耗大量能源，并释放出大量热能，使城市的气温比周围郊区高得多，产生热岛效应；城市大量排放各种气体和颗粒污染物，大大地改变了城市大气的组成，导致大气污染。伦敦型烟雾和洛杉矶型烟雾等重大污染大都发生在城市中。

城市化对水环境的影响主要是城市生活、工业、交通、运输等对水环境的污染，尤其工业"三废"是主要的污染源。另外城市化将大大增加耗水量，往往导致水源枯竭，供水紧张，而地下水过度开采，又会导致地下水位下降和地面下沉。

城市化对生态环境的影响表现为严重地破坏了生态环境，从根本上改变了生态环境的组成和结构。现代工商业大城市是在经济规律支配下发展起来的，市区房屋密集、街道纵横交错，到处是水泥建筑和柏油路面，除了熙熙攘攘的人群以外，几乎看不到其他的生命，演变成"城市荒漠"。

此外，城市化还会导致震动及噪声扰民、微波污染、交通紊乱、住房拥挤、垃圾成灾等一系列威胁人们健康和生命安全的环境问题。

① 热岛效应

热岛效应是城市因为人口密度与建筑密度高、工业集中，气温比其周围地区偏高的现象。热岛效应的形成受城市人口密集程度、工厂及车辆排热、居民生活用能的释放、城市建筑结构及下垫面特性等的综合影响。

❷ 大气污染

大气污染通常是指由于自然过程或人类活动，某些物质进入大气，呈现出足够的浓度，达到足够的时间，并因此对人类、生物和物体造成危害的现象。能造成大气污染的污染物主要有粉尘、雾、降尘、悬浮物、二氧化硫等硫氧化物、二氧化氮等氮氧化物、二氧化碳等碳氧化物以及有机污染物。

❸ 地下水

地下水是指埋藏和运动于地面以下各种不同深度含水层中的水。地下水是水资源的重要组成部分，由于其水质好，水量稳定，所以是农业灌溉、城市和工矿的重要水源之一。不过在一定的条件下，地下水的变化也会引起沼泽化、盐渍化、滑坡、地面沉降等不利自然现象。

▲ 城市雾霾

⑩ 城市绿化

　　用绿色植物改善城市环境是行之有效的，在世界上许多城市已经取得了成功的经验。如华沙、堪培拉等名城，人均绿地面积高达70平方米，不仅城市空气新鲜，而且环境十分优美，被人们誉为"绿色之城"。这是因为绿色植物不仅能吸收二氧化碳，放出大量氧气，还具有吸毒、除尘、杀菌、减噪、防风、蓄水、调节小气候和美化市容等多种作用。

　　绿色植物能更新城市空气。它在进行光合作用时，吸收二氧化碳，放出氧气。有人测定过，10平方米的森林就可以把一个人一昼夜呼出的二氧化碳全部吸收，并供给需要的氧气，而25平方米的草坪也

▲ 城市街道绿化

会起到同样的作用。

城市绿化对城市空气的净化作用更为明显。比如一些植物能分泌杀菌素，将飘浮在空气中的细菌杀死。植物枝叶茂密，能起到阻挡灰尘的作用，有些植物的叶子表面有许多气孔、绒毛及其分泌的黏液，能吸附或黏住大量的尘埃。草地覆盖地面还能防止尘土飞扬，自然也减少了空气中的细菌和灰尘。经测试，在基本无绿化的城市街道上空，每立方米空气中含4.4万多个细菌，而在绿地上空，每立方米空气中只含有600多个细菌。667平方米的树林每年吸附的灰尘可达60多吨，城市无绿化的区域与有绿化的区域相比，空气中的灰尘要多15倍左右。

❶ 二氧化碳

二氧化碳是空气中常见的化合物，约占空气总体积的0.039%。其常温下是一种无色、无味的气体，密度比空气略大，能溶于水形成一种弱酸——碳酸。固态二氧化碳俗称干冰，常用来制造舞台的烟雾效果。二氧化碳被认为是造成温室效应的主要因素。

❷ 绿化带

绿化带是指在道路用地范围内供绿化的条形地带。它具有美化城市、消除司机视觉疲劳、净化环境、减少交通事故等作用，可分为高速公路绿化带、城市绿化带和人行道绿化带等。绿化带常见的两种形式是以绿篱为主的绿化带和以草坪为主的绿化带。

❸ 细菌

细菌从广义上讲，是指一大类细胞核无核膜包裹，只存在称作拟核区（或拟核）的裸露DNA的原始单细胞生物；狭义上来说，是一类形状细短，结构简单，多以二分裂方式进行繁殖的原核生物。细菌主要由细胞膜、细胞质、核质体等部分构成。

11 都市呼唤绿色

有人把森林比作"地球之肺"，那么市区绿化就是"城市之肺"。人们早就知道，绿色植物每生长1吨，就可以产生5吨氧气，一棵椴树一天能吸收16千克二氧化碳。所以，绿色植物称得上是大自然中的氧气发生器和二氧化碳收集器。

一般来说，每个成年人的呼吸需氧量须由150平方米的绿叶提供。在绿化覆盖率达30%的地区，植物生长期所具有的环境净化功能已经相当可观，它们可以使空气中的苯并芘下降58%，二氧化硫下降90%以上，灰尘减少10%～27%。1万平方米绿地每年可产氧12吨，吸附灰尘近11吨，1万平方米树木相当于一个容量为1500立方米的蓄水池。绿色植物还是空气温度、湿度的调节器。在绿化覆盖面积为50%的街区，当气温超过29℃时，局部气温可下降4℃左右，湿度提高10%～20%。绿色植物还能消除生活环境中约20%的

▲ 绿色植物

噪声。

目前，国际上常以城市绿地、国家公园、自然保护区面积等的人均占有水平，作为判断一个城市社会文明和现代化程度的重要标志之一。就拿中国上海市来说，其人口密度在世界上名列第一，为每平方千米4.1万人，但人均公共园林绿地面积占有率排名居后，为人均1.11平方米。

❶ 森林

森林被称为人类文化的摇篮，是一个树木密集生长的区域。这些植被覆盖了全球大部分的面积，是构成地球生物圈的一个重要方面。其结构复杂，具有丰富的物种和多种多样的功能。

❷ 氧气

氧气是空气的主要组分之一，约占大气体积的21%。标准状况下，氧气无色、无臭、无味，在水中溶解度很小。氧气的化学性质比较活泼，具有助燃性和氧化性，大部分的元素都能与氧气发生反应。一般而言，非金属氧化物的水溶液呈酸性，而碱金属或碱土金属氧化物的水溶液则为碱性。

❸ 蓄水池

蓄水池是用人工材料修建、具有防渗作用的蓄水设施。根据形状特点可将其分为圆形和矩形两种；按地形和土质条件可以修建在地上或地下，即分为开敞式和封闭式两大类；因建筑材料不同可分为砖池、浆砌石池、混凝土池等。

12 绿色植物作用大

绿色植物消除城市噪声的作用很明显。植物的茎叶表面粗糙不平，叶子上有大量微小的气孔和绒毛，像凹凸不平的吸音器材，具有良好的消音效果，因此城市中的林荫大道上往往比较宁静。

绿色植物还能调节居住区的局部小气候。植物的蒸腾作用能产生吸热、降温、增加空气湿度的效果。据测定，1万平方米绿地的降温效果，相当于500台空调机。所以春夏季节人们踏着草地散步，会有一种清新凉爽的感觉。

绿色植物还是城市污染的监测器。许多植物对工厂排放的污染物质十分敏感，在污染量很少时就能表现出受害的症状。绿地还能净化流过地面的污水，使径流污水中的污染物明显减少。绿色植物美化市容、美化环境的作用是人所共知的。绿色植物的颜色不是一成不变的，先不说五颜六色的花和果实，即使绿色植物的叶片本身也会表现出不同的颜色。这些绿色植物为城市增添了自然美，给人以美的感觉、美的享受。中国著名的旅游城市苏州，就是以其众多巧夺天工、绿意盎然的园林著称于世。

正是由于城市绿化可大大缓解城市中的各种环境污染，美化城市环境，所以应大力开展城市绿化，让绿色拥抱城市，让城市环境更加美好。

❶ 气候

气候是长时间内气象要素和天气现象的平均或统计状态，时间尺度为月、季、年、数年到数百年以上。气候的形成主要是由热量的变化而引起的。气候以冷、暖、干、湿等特征来衡量，通常由某一时期的平均值和离差值表征。

❷ 径流

径流是大气降水形成的，沿流域的不同路径向河流、湖泊、沼泽和海洋汇集的水流。按水流来源可将其分为降雨径流和融水径流；按流动方式可分为地表径流和地下径流；按水流中所含物质可分为固体径流和离子径流。

❸ 苏州

苏州位于太湖之滨，长江南岸的入海口处，京沪铁路、京沪高铁、沪宁城际高铁和多条高速公路贯穿全境。它是江苏省重要的经济、对外贸易、工商业和物流中心，也是重要的文化、艺术、教育和交通中心，被誉为"人间天堂"。

▲ 绿地可以净化地面污水

13 城市地面沉降

　　许多缺水城市，由于过度开采地下水（超过下雨从地表渗透到地下补给地下水的能力），地下水水位下降，在某些地质构造区引起地面沉降。目前，日本一些城市地面沉降量为每年19～33厘米。东京地面下沉面积已达310平方千米，而江东地区下沉了3米，成为低于海平面的地带。美国地面下沉最严重的加州地区，每年下沉约6.4厘米。1968年，水城威尼斯市的地面下沉几乎导致圣马可教堂崩裂。此外，俄罗斯的莫斯科、格鲁吉亚的第比利斯、英国的伦敦、泰国的曼谷、

▲ 城市地面沉降

墨西哥的墨西哥城，都有地面沉降的报道。

地面沉降会使建筑物不均匀下沉，继而开裂或倒塌，还会引起地下公用设施，如各种管道的折裂、漏水、漏气、漏电，以及桥梁毁坏。

地面沉降如果发生在近海城市，就有可能引发海水倒灌，导致土壤和地下水盐碱化，从而引起一系列环境问题。而地面沉降若发生在河流发育的区域，则会导致河床下沉，河道防洪能力下降，将严重影响引水工程的安全和航运等经济活动的开展。

❶ 海平面

海平面是海的平均高度，指在某一时刻假设没有波浪、潮汐、海涌或其他扰动因素引起的海面波动，海洋所能保持的水平面。冰川的消融、海底地势构造的改变、大地水准面的变动都影响并控制着海平面的情况。

❷ 土壤盐碱化

土壤盐碱化又称土壤盐渍化、土壤盐化，是指土壤含盐太高而使农作物低产或不能生长的现象。土壤中盐分的主要来源是风化产物和含盐的地下水。灌溉水含盐和施用生理碱性肥料也可使土壤中盐分增加。土壤盐碱化后，土壤溶液的渗透压增大，土体通气性、透水性变差，养分有效性降低。

❸ 海滨

海滨是与海相邻的陆地，更正式的说法是潮汐中间的地带。水的运动形成了海滨的界线，海浪打击的最高点是海滨的上界，它的下界就是低潮的最底线。

14 防止地面沉降

对于城市来说，地面沉降主要是由于缺水或水质不达标而对地下水过度开采所致。为了改善水质和满足供水的要求，同时也为了防止地面沉降，含水层存储和修复技术得以广泛应用。引入地表水，以减少地下水的汲取量，并适当采用回灌措施及通过建立蓄水坝等方式，增加河水对径流区的地下水的补给，有效地防止了地下水位的进一步下降，从而缓解了地面沉降。

节水是防止地面沉降的又一重要措施。利用含水层组贮藏和运输地下水，要比造价高昂的地表蓄水和输水系统好得多。美国的研究人员采用先进和合理的地下水运输方法，对地下水使用的远景进行规划。例如在圣琼斯地区，当前的人均用水量仅为1920年的1/5，远低于过去作为农业用地时的用水量。即使在旱期，其水位仍能保持在历史最低水位以上。

防止地面沉降的方法众多，但要保证顺利执行，并达到预期的效果，就需要建立相应的法规予以保护。例如，形成一个专门的水资源管理机构来管理某一区域的用水，使地表水和地下水都能得到长期有效的综合利用。同样在防止地面沉降方面，也可以采取法制措施，如1980年通过的《亚利桑那地下水管理法案》，是以加强对已衰竭含水层组的管理，把有限的地下水资源进行最合理的分配，并开发新的水资源供应来增加亚利桑那的地下水资源为基本目标的。

▲ 节约用水可以防止地面沉降

❶ 回灌技术

　　回灌技术就是通过回灌井点向周围土层中灌入足量的水，使降水井点的影响半径小于回灌井点的范围，从而使区域地下水位保持不变，土层压力维持平衡状态，这样便可以防止降水井点对周围建筑的影响。

❷ 含水层

　　含水层是充满地下水的层状透水岩石层，是地下水储存和运动的场所。富有裂隙的岩石、透水性良好的空隙大的岩石、粗沙、卵石、疏松的沉积物以及岩溶发育的岩石都可作为含水层。当一个地区需要打井取水的时候，就需要寻找含水层。

❸ 水质

　　水质是水体质量的简称，它标志着水体的物理（如色度、臭味、浊度等）、化学（无机物和有机物的含量）和生物（微生物、细菌、底栖生物、浮游生物）的特性及其组成的状况。为保护、评价水体质量，一系列水质标准和参数被制定。

15 城市空气污染

▲ 空气污染

目前，城市上空的大气污染已经成为最重要的公害之一。自伦敦、洛杉矶烟雾事件以来，世界各地的空气污染状况继续恶化，发展中国家更为严重。

导致城市空气污染的主要污染物有一氧化碳、氟及其化合物、氮氧化物、氯、二氧化硫、粉尘等。城市中大量民用生活炉灶和采暖锅炉需要消耗大量煤炭，煤炭在燃烧过程中要释放大量的灰尘、二氧化硫等有害物质；汽车、火车等交通工具会产生废气；城市周围的森林发生火灾会产生烟雾。

城市人口的迅速增长，企业生产技术水平的落后，公共基础设施，特别是涉及大气保护的设施相对薄弱，并且资金不足，限制了环境保护设施的建设以及正常运行，加之很多城市缺少有预见性的、周密的总体规划，从而导致城市空气污染日益恶化。

城市大气污染不仅危害市民的身心健康，影响生产和生活，而且影响气候，增加交通事故，腐蚀建筑物和文化古迹，造成巨大的经济损失。防止空气污染，最直接的措施就是减少污染物的排放量，并改革能源结构，多采用无污染能源（如太阳能、水力发电等）。在控制排放的同时应充分利用大气自净能力，绿化造林，合理规划工业区，并加强对大气保护的宣传教育。

① 一氧化碳

　　一氧化碳是一种无色、无臭、无刺激性的气体，在水中的溶解度甚低，但易溶于氨水。一氧化碳具有毒性，进入人体之后会和血液中的血红蛋白结合，进而使血红蛋白不能与氧气结合，从而引起机体组织出现缺氧，导致人体窒息死亡。

② 粉尘

　　粉尘是指悬浮在空气中的固体微粒。大气中过多的粉尘将对环境产生灾难性的影响，不过，大气中粉尘的存在是保持地球温度的主要原因之一。如果空中没有粉尘，水分再大也无法凝结成水滴，不能形成降水。根据大气中粉尘微粒的大小可分为飘尘、降尘和总悬浮颗粒。

③ 水力发电

　　水力发电的基本原理是利用水位落差，配合水轮发电机产生电力，也就是将水的位能转化为水轮的机械能，再以机械能推动发电机而得到电力。

16 汽车尾气污染

有关的科学监测表明，北京大气中的碳氢化合物有60%是汽车排放的，氮氧化物有70%也是汽车排放的。在北京、天津、上海、广州、长沙、武汉等一些城市的主要交通干道和主要交通路口，汽车尾气排放的一氧化碳、碳氢化合物和氮氧化物都超标，严重的情况下，数十倍地超标。在这些路口工作的交通警察，经常有头晕、嗓子发干、咳嗽、胸闷的症状。有的医院对主要交通干道的交通警察做过一次血液检查，发现他们的血液中一氧化碳的含量已经高出正常值。长期待在这种大气环境中，必然会出现呼吸系统、循环系统和神经系统的病变。

这么严重的污染状况，与中国汽车尾气污染治理技术落后有关，再加上汽车尾气污染的控制力度不够，所以汽车尾气排放的污染物水平远大于其他国家。以轿车为例，中国轿车的一氧化碳排放量要比日本高出8~20倍，碳氢化合物高12~35倍，氮氧化物高1~5倍。中国目前的汽车尾气污染控制水平只相当于国外20世纪70年代中期的水平。

中国环保部门正在加大控制汽车尾气污染力度，推广无铅汽油，开发使用清洁燃料的"绿色汽车"等，减少汽车尾气的排放。

❶ 血液

血液属于结缔组织，即生命系统中的结构层次，是流动在心脏和血管内的不透明红色液体，主要成分为血细胞、血浆。血细胞内含有白细胞、红细胞和血小板，血浆内含血浆蛋白（球蛋白、白蛋白、纤维蛋白原）、脂蛋白等各种营养成分以及氧、无机盐、酶、激素、抗体和细胞代谢产物等。

❷ 呼吸系统

呼吸系统是机体和外界进行气体交换的器官的总称，是由呼吸道（鼻腔、咽、喉、气管、支气管）和肺所组成的。其主要功能是与外界进行气体交换，呼出二氧化碳，吸进新鲜氧气，完成气体的吐故纳新。

❸ 氮氧化物

氮氧化物是由氮、氧两种元素组成的化合物，常见的有一氧化二氮、二氧化氮、五氧化二氮等。天然排放的氮氧化物主要来自土壤和海洋中有机物的分解，属于自然界的氮循环过程。人为活动排放的氮氧化物则大部分来自化石燃料的燃烧。氮氧化物污染主要是一氧化氮污染和二氧化氮污染。

▲ 汽车尾气污染

17 酸雨

　　人类进入工业社会以后，大批机器投入使用，大量的工厂竞相建立，一个个高大的烟囱不停地向空中喷云吐雾，每年把数以亿吨计的二氧化硫、氮氧化物、氯化氢及其他有机化合物排放到大气中。汽车、火车等交通工具的发动机在燃烧汽油的同时也把大量含有上述成分的废气排入空气中，造成严重的大气污染。进入大气中的二氧化硫和氮氧化物等，经过复杂的转化生成硫酸和硝酸，一旦遇到降雨，它们便随同雨水飘落下来形成酸雨。

　　酸雨对建筑物的腐蚀作用非常显著，尤其对大理石建筑物的腐蚀作用最为强烈。它可与建筑石料发生化学反应，生成能溶于水的硫酸

▲ 酸雨

钙，被水冲刷掉。在雨水淋不到石料的部位，碳酸钙转化为硫酸钙后形成外壳，然后层层剥落。

　　酸雨对金属材料的腐蚀同样不可小视。酸雨使世界各地的钢铁设施、金属建筑物迅速锈蚀，造成了难以估量的损失。据研究，酸雨对金属材料的腐蚀速率为非酸雨区的2~4倍。

　　酸雨对生物和生态环境的危害同样严重。酸雨首先会对植物造成破坏。酸雨降落在植物叶片上，会破坏其角质保护层，伤害叶片细胞，干扰新陈代谢，使植物叶绿素减少，光合作用受阻，导致叶片萎缩和畸形，严重影响植物生长发育。

❶ 交通工具

　　交通工具指一切人造的用于人类代步或运输的装置，是现代人生活中不可缺少的一部分。天空中的飞机，海洋里的轮船，陆地上的汽车，大大缩短了人们交往的距离；火箭和宇宙飞船的发明实现了人类探索外太空的理想。随着科技的发展，交通工具也在不断变化。

❷ 大理石

　　大理石又称云石，是地壳中原有的岩石经过地壳内高温高压作用形成的变质岩，主要成分是碳酸钙。大理石是商品名称，是天然建筑装饰石材的一大门类，并非岩石学定义。在室内装修中，电视机台面、窗台、室内地面等都适合使用大理石。

❸ 生态破坏

　　生态破坏是指人类不合理的开发、利用使草原、森林等自然生态环境遭到破坏，从而导致人类、动物、植物的生存条件恶化的现象。现今比较严重的生态破坏有水土流失、土地荒漠化、土地盐碱化、生物多样性减少等。

18 城市水体污染

随着城市工业的发展、人口的激增，废水越来越多。据世界卫生组织的调查，地球上有80%的疾病是由水污染造成的。联合国的统计表明，发展中国家有3/5的人口缺乏清洁的饮用水。

城市是人口高度聚集的地方，饮用水的污染极容易造成传染病的流行。如19世纪中叶，伦敦市民因饮用污染的泰晤士河的河水，曾发生过4次霍乱，仅1849年，一次就死亡1.4万人。在中国山东某县，不洁的生活用水使那里的痴呆病人成倍增长，怪胎、畸形儿也逐年增多，肠胃癌症、皮肤病患者也成倍增加。

造成城市水污染的主要原因是城市污水的排放。城市污水是人们日常生活中产生的各种污水的混合液，其中包括浴池、厨房、洗涤室排出的污水，厕所排出的粪便污水等，在有些国家汽车冲洗场的污水也占有一定的比例。

城市的发展、扩大给环境带来的污染是目前全世界面临的一个严重问题。高密度的人口所产生的城市污水、垃圾和废气，已成为水体污染的重要污染源。在一些发达国家，生活污水的污染负荷量已超过工业废水的污染负荷量。

① 联合国

联合国是一个由主权国家组成的国际组织，其成立的标志是《联

▲ 被污染的河流

合国宪章》在1945年10月24日于美国加州旧金山签订生效。联合国致力于促进各国在国际法、国际安全、经济发展、社会进步、人权及实现世界和平方面的合作。

❷ 癌症

　　癌症是各种恶性肿瘤的统称，是由控制细胞生长增殖机制失常而引起的疾病。癌细胞的特点是无限制地增生，大量消耗患者体内的营养物质。癌细胞还会释放出多种毒素，使人体产生一系列症状。癌细胞还可转移到全身各处生长繁殖，导致人体消瘦、贫血、发热以及严重的脏器功能受损等。

❸ 污染源

　　污染源是指造成环境污染的污染物发生源，通常指向环境排放有害物质或对环境产生有害影响的场所、设备、装置或人体。自然界自行向环境排放有害物质或造成有害影响的场所，称为天然污染源，如喷发的火山。而人类社会活动所形成的污染源就叫作人为污染源。

19 城市水的*治*理

随着城市化的发展，已经出现了两个互相对立的现象：一是城市里致灾因素的增加；二是城市抗灾能力的降低。在这方面，城市水灾害表现得比较明显。城市的发展表现为住宅、公用建筑面积及柏油道路的迅速增加。这意味着市区内透水地面减少，遇有较大降雨，雨水不能及时下渗，将导致地面径流迅速向低洼地区汇集，加重城市的内涝灾害。同时，城区地下水得不到下渗雨水的补给，地下水位不断下降，再加上地面高层建筑物荷重的增加，使地面沉降加剧。

▲ 减少废污排放

为了减少城市水灾，许多城市都开展了以疏浚排水河道为主的治河工作，但是人们又往往忽略了另一个事实，即城市河道不同于一般河道，它除了排涝减灾的作用外，还具有其他多种功能，如为城市提供清洁的用水、美化环境、为居民提供安全的避难空间和文化娱乐空间等。

城市水系综合治理规划的内容包括防洪、排涝、水资源调节、提升水质、保护环境和生态等多项目标。在城市建设的同时，应当对所丧失的雨洪调节能力进行补偿，这样可以减少城市内涝灾害的发生，至少可以减轻其灾害发生的严重程度。

① 洪涝灾害

洪是指大雨、暴雨引起水道急流、山洪暴发、河水泛滥进而淹没农田、毁坏环境与各种设施的现象；涝指水过多或过于集中造成的积水成灾。总体来说，洪和涝都是水灾的一种。

② 渗透

当利用半透膜把两种不同浓度的溶液隔开时，浓度较低的溶液中的溶剂（如水）自动地透过半透膜流向浓度较高的溶液，直到化学位平衡为止的现象就是渗透。半透膜是一种有选择性的透膜，它只能透过特定的物质，而将其他物质阻隔在另一边。

③ 地面沉降

地面沉降又称为地面下沉或地陷，它是指在人类经济活动影响下，由于地下松散地层固结压缩，地壳表面标高降低的一种工程地质现象。地面沉降的发生不仅会破坏事物，导致经济上的巨大损失，还会诱发一系列地质灾害，造成人员伤亡。

20 城市热岛效应

▲ 为躲避城市热浪，人们纷纷到海边消夏

　　久居城市的人们都会有这样的体会，盛夏季节的城市里热浪袭人，可一到郊区，就像换了一个天地，顿觉凉爽宜人，其实这是人类活动导致的小气候变化现象。科学家们发现，不仅仅是在夏季，几乎一年四季城市里的温度都比郊区高，只不过在夏季这种温差变化比较明显，易于被人们感觉而已。道理很简单，城市是人口、工业高度集中的地区，由于人的活动，尤其是工业生产活动，温度自然比周围郊区高，就像是一个"热岛"，这一现象被人们称为城市热岛效应。

　　热岛效应是一种十分普遍的现象，世界上几乎所有的城市热岛效应都十分明显。据世界20多个城市的调查统计，城市的年平均温度要比郊区高0.3℃~1.8℃。在美国旧金山市，曾出现过城区与郊外气温相差11℃的情况。那么，为什么会出现城市热岛效应呢？

在城市中，热源非常多，这里人口稠密，工业发达，由于生产、生活、取暖的需要，大量燃烧煤炭、石油、天然气等燃料，燃料中的能量一部分转换成电能、机械能、热能被利用，其余的则转化为废热散发到大气中。就热电厂来说，煤炭终年不息地在燃烧，它所产生的热能大约有2/3变成废热排入大气或水体中，造成环境热污染。

❶ 石油

石油又称原油，属于化石燃料，是一种黏稠的深褐色液体。石油的性质因产地而异，黏度范围很宽，可溶于多种有机溶剂，不溶于水，但可与水形成乳状液。地壳上层部分地区有石油储存，它是古代海洋或湖泊中的生物经过漫长的演化而形成的。

❷ 天然气

天然气的主要成分是烷烃，是一种多组分的混合气态化石燃料。它主要存于油田和天然气田，也有少量处于煤层当中。相较于煤炭、石油等能源，天然气燃烧后无废渣、废水产生，有使用安全、热值高、洁净等优点。

❸ 煤

煤是非常重要的能源，也是冶金、化学工业的重要原料，主要由碳、氢、氧、氮、硫和磷等元素组成，可分为烟煤、褐煤、无烟煤及半无烟煤。煤为不可再生的资源，综合、合理、有效开发利用煤炭资源，并着重把煤转变为洁净燃料，是人们努力的方向。

21 热岛效应的防治

▲ 屋顶绿化可以有效缓解城市热岛效应

绿化城市，让城市重新充满自然的生气，是缓解城市热岛效应的有效措施。针对城市绿化，应把消除裸地、消灭扬尘作为主要内容，同时兼具美观、实用。

城市地表除硬路面、建筑物和林木之外，空闲地带应为草坪所覆盖，即使在草坪难以生长的地方，如树冠投影处，也应用锯木小块或碎玉米秸加以遮蔽，借以提高城市地表的比热。而墙壁垂直绿化、屋顶绿化、水景设置以及街心公园等既高效又美观的绿化形式，可有效地缓解热岛效应，使人们获得清爽舒适的室内外环境。

对于排放温室气体较为密集的地区，如街道、高空走廊和公路等，应营造绿色通风系统，既让这些地区充满绿色，也可以把市外清新的空气引入市内，以减弱热岛效应。至于居住区，应建立与绿化有关的地方性规范，力求绿化与环境相结合。在保证绿化用地的同时，控制人工热量（如空调的使用）的排放，进而改善居住区甚至整个城市的环境小气候状况。

纵然城市热岛效应给人们带来的危害很大，但若可以正确、合理地利用现有的技术，对城市的过快发展加以控制并合理规划，解决这一问题并不是不可能的。

❶ 草坪

草坪是指由人工建植或人工养护管理，起绿化、美化作用的草地，具有美化环境、净化空气、保持水土等作用，还可以为户外活动和体育运动提供场所。它是一个国家、一个城市文明程度的标志之一。

❷ 裸地

裸地是群落形成、发育和演替的最初条件和场所，是指没有植物生长的裸露地面，可分为原生裸地和次生裸地。裸地形成的原因是多种多样的，如严寒、干旱等恶劣气候，洪水、滑坡等自然灾害，动物的严重破坏等。破坏规模最大和方式最为多样的是人为活动。

❸ 温室气体

温室气体是破坏大气层与地面间红外线辐射正常关系，吸收地球释放出来的红外线辐射，阻止地球热量的散失，使地球发生可感觉到的气温升高的气体，如水蒸气、二氧化碳、大部分制冷剂等。温室气体使地球变得更温暖的影响称为"温室效应"。

22 城市垃圾成灾

城市垃圾是指城市居民生活、商业活动、市政建设、医疗卫生、交通旅游、机关办公等过程中所产生的废弃物。

城市垃圾的来源有多种，其中最主要的来源是生活垃圾。在日常生活中，人们都喜欢清洁、美观的环境，那么就得不断清除脏的、破旧的、无用的东西，如用煤取暖、做饭，煤燃烧后会产生大量煤渣，人们食用蔬菜、水果等会留下瓜果皮核及烂菜叶、烂水果、老菜叶等。这些东西被人们废弃后便成为垃圾。还有一些包装材料、餐具、制服等，用后即弃，使得垃圾中废纸、废塑料、废罐头盒、废玻璃瓶等废物所占的比重越来越大。目前，连汽车、电冰箱、电视机、洗衣机等大型耐用消费品，因为"过时"而被废弃为垃圾的数量也越来越多。如美国每年产生城市垃圾近2亿吨，废弃旧汽车达900多万辆。

一般来说，城市垃圾的产生量及其增长率与城市规模、人口的增长成正比，城市的规模越大，人口越多，相应产生的城市垃圾数量就越多。根据粗略估计，目前中国城市居民平均每人每天产生1千克垃圾、排出1千克粪便。而据报道，国外许多工业城市人均产生的垃圾量要比中国多得多。

❶ 燃烧

燃烧是必须在有可燃物、助燃物及温度要达到燃点的情况下进行的物体快速氧化，产生光和热的过程。燃烧的种类有闪燃、着火、自燃以及爆炸。自然界里的一切物质，在一定温度和压力下，都以一定状态（固态、液态、气态）存在，不同状态的物质燃烧过程是不同的。

❷ 罐头产生的原因

1809年，世界贸易兴旺发达，长时间生活在船上的海员因吃不上新鲜的蔬菜、水果等食品而患病，有的还患了严重威胁生命的坏血症。鉴于此，法国拿破仑政府用1.2万法郎的巨额奖金，征求一种长期贮存食品的方法，于是，罐头便应运而生。

❸ 洗衣机

洗衣机是利用电能产生机械作用来洗涤衣物的清洁电器，可分为家用洗衣机和集体用洗衣机两种。1858年，一个叫汉密尔顿·史密斯的美国人在匹兹堡制成了世界上第一台洗衣机。1910年，美国的费希尔在芝加哥试制成功世界上第一台电动洗衣机。

▲ 城市街头的垃圾

23 城市垃圾危害环境

▲ 垃圾严重影响市民生活

城市每天都在产生各种各样的垃圾，它们对环境的影响极大，对环境的危害也是多方面的。尽管人们已经做了很大的努力，但是仍无法完全消除它们的危害。其危害主要有下列几个方面。

从宏观上看，城市垃圾如果处置不当，会有碍观瞻，影响市容，直接损害城市形象，降低城市声誉，影响城市旅游业的发展。

大量的城市垃圾需占地堆放，堆积量越多，占地量越大。以中国为例，1987年城市垃圾产出量为53 977万吨，1989年增至62 914万吨，1990年达7亿吨。据估计，目前城市垃圾年产出量为15亿吨，占地可达600平方千米左右。这使本来就很紧张的城市土地，矛盾更加突出。根据北京市高空远红外探测的结果显示,北京市区几乎被环状的垃圾堆群所包围。

从微观上看,城市垃圾堆里含有许许多多的病原微生物和寄生虫卵等,它们随着飘尘在大风吹动下到处飞扬,严重污染大气。垃圾中的一些有机固体废物在适宜的温度和湿度条件下,能被微生物分解,不断排出有害气体,如氨气、硫化氢、硫醇类碳氢化合物等具有强烈恶臭和毒性的气体。另外,城市垃圾本身,尤其是在被焚烧时也会散发出各种有害气体和臭味等污染大气。

❶ 红外线

红外线近年来在军事、人造卫星以及工业、卫生、科研等方面的应用日益广泛,因此红外线污染问题也随之产生。红外线是一种热辐射,可对人体造成高温伤害。较强的红外线会伤害皮肤,其情况与烫伤相似,最初是灼痛,然后造成烧伤。

❷ 微生物

微生物是一切肉眼看不见或看不清的微小生物,且结构简单,通常要用光学显微镜或电子显微镜才能看清楚,包括病毒、细菌、丝状真菌、酵母菌等。微生物有五大特点:体积小,面积大;吸收多,转化快;生长旺,繁殖快;适应强,易变异;分布广,种类多。

❸ 硫化氢

硫化氢又名氢硫酸,是硫的氢化物中最简单的一种。常温时硫化氢是一种无色、有臭鸡蛋气味的剧毒气体,溶于水、乙醇。其化学性质不稳定,加热条件下会分解,且易燃,与空气混合能形成爆炸性混合物。吸入硫化氢,会对黏膜产生强烈的刺激作用,故应在通风处进行使用,而且必须采取防护措施。

24 白色污染

　　白色污染是人们对难降解的塑料垃圾（多指塑料袋）污染环境现象的一种形象称谓。它是指用聚苯乙烯、聚丙烯、聚氯乙烯等高分子化合物制成的各类生活塑料制品使用后被弃置成为固体废物，由于随意乱丢乱扔，难于降解处理，造成城市环境严重污染的现象。

　　白色污染是全球城市都有的环境问题。这些废弃塑料大量堆积，一两百年都不会腐烂，不仅污染土壤，而且给蚊蝇、鼠类提供了繁殖场所，使人们的生存环境笼罩在新的"白色恐怖"下。从节约资源的角度出发，这些塑料制品的主要来源是面临枯竭的石油，应尽可能回收，但由于现阶段再回收的生产成本远高于直接生产成本，所以在现行市场经济条件下难以做到。

　　面对日益严重的白色污染问题，人们采取了一系列措施进行防治：采取以纸代塑。纸的主要成分是天然植物纤维素，废弃后容易被土壤中的微生物分解，但造纸需要大量的木材，也会带来水污染。采用可降解塑料。这种新型功能的塑料在达到一定使用寿命被废弃后，在特定的环境条件下，其化学结构发生明显变化，引起某些性能损失及外观变化而发生降解，对自然环境无害或少害。从法律上进行规定。国务院办公厅下发了《关于限制生产销售使用塑料购物袋的通知》，规定在全国范围内禁止生产、销售、使用厚度小于0.025毫米的塑料购物袋，所有超市、商场、集贸市场等商品零售场所实行塑料购物袋有偿使用制度。

▲ 白色污染

① 聚苯乙烯

聚苯乙烯是指由苯乙烯单体经自由基缩聚反应合成的聚合物，是一种无色透明的热塑性塑料，具有高于100℃的玻璃转化温度，因此经常被用来制作各种需要承受开水温度的一次性容器或一次性泡沫饭盒。

② 石油产品

石油产品分为石油燃料、石油溶剂与化工原料、润滑剂、石蜡、石油沥青、石油焦六类。石油工业一向以生产汽油、煤油和工业锅炉用的燃料油为主。

③ 土壤

土壤是指覆盖于地球陆地表面，具有肥力特征，能够生长绿色植物的疏松物质层。土壤由矿物质、有机质以及水分、空气等组成。它在成土母质、生物、地形、气候等自然因素和耕种、施肥等人为因素综合作用下，不断演变和发展。

25 室内环境与健康

　　北方的冬天，家家门窗紧闭。窗外虽然数九寒天，冰天雪地，可室内却是炉火熊熊，热气逼人。生活在东北的人们，冬天多数时间是在室内度过的。不言而喻，冬季室内环境的保护是十分重要的。

　　环境气象学认为，室内空气的好坏一方面与室外空气有一定的关系，但最主要的还是受居室内的设备与用品的影响。以中国东北的城乡家庭来说，冬天室内污染源主要有煤炉、煤气灶、胶合板家具、石棉制品、沥青物质、化学清洁剂等。

▲ 烧煤时会释放各种危害人体的气体

室内烧煤取暖对人体健康危害很大。烧煤时，室内空气中一种叫苯并芘的有害气体会急剧增加。专家证实，这是一种致癌物质。长期生活在烧煤的房间里的人，每天从空气中吸入体内的苯并芘量相当于每天吸20支香烟。烧煤或煤气灶，还会使室内二氧化硫、一氧化碳、二氧化碳、二氧化氮和细颗粒尘土的浓度增大，这些物质对人体均是有害的。

居室内的各种化学制品，如胶合板家具、沥青制品、石棉制品、某些塑料制品等，均可散发甲醛、碳氢化合物，进而污染空气。

❶ 煤气

煤气是以煤为原料制取的气体燃料或气体原料，是一种洁净的能源，又是合成化工的重要原料。煤气化得到的是水煤气、半水煤气、空气煤气。这些煤气的发热值较低，故统称为低热值煤气。煤焦化得到的气体称为焦炉煤气、高炉煤气。这些煤气属于中热值煤气。

❷ 二氧化硫

二氧化硫是无色、有刺激性气味的有毒气体，易液化，易溶于水，是最常见的硫氧化物，也是大气主要污染物之一。二氧化硫溶于水中会形成亚硫酸，故二氧化硫是形成酸雨的主要原因。火山爆发和许多工业过程都会产生二氧化硫。

❸ 胶合板

胶合板是家具的常用材料之一，是由木段旋切成单板或由木方刨切成薄木，再用胶黏剂胶合而成的三层或多层的板状材料，通常用奇数层单板。胶合时，相邻层单板的纤维方向是互相垂直的。

26 居室氡污染

氡是一种无色、无味的放射性惰性气体。氡有三种同位素：氡-219也叫锕射气，来自锕系；氡-220称钍射气，来自钍系；氡-222称镭射气，来自镭系。自然界中的氡及其同位素主要是由地壳岩石、土壤中的铀和钍等放射性元素衰变而产生的。

居室环境中的放射性氡污染是一种比较常见的现象。据有关部门测定，来自建筑材料、砖瓦、水泥和石灰中的氡及其衰变体，往往可使居室内氡的浓度达到室外的2～20倍。一般情况下，居室内氡的浓度较低，对人体不会造成危害，但是当氡的浓度达到一定程度且持续时间很长时，就会危害人体健康。许多国家制定的住宅主要危险源氡的上限值为每立方米100贝可。

在居室内空气中，氡及其放射性子体往往附着在灰尘粒子上，能随呼吸进入人体，在人体内产生近距离辐射作用，破坏人体细胞，严重时可导致肺癌等疾病，甚至使人死亡。当人吸入含氡的空气后，吸入的氡会大部分沉积在支气管的表层。氡在衰变过程中所释放出来的射线会不断地轰击支气管上皮组织细胞，从而诱发支气管肺癌。国外一些放射性防护组织的调查结果表明，长期居住在氡及其衰变子体浓度高的住宅里的人，肺癌的发病率明显增高。氡的迁移活动性大，易被人体吸收，现已成为仅次于香烟的第二号引发肺癌的杀手。

① 惰性气体

惰性气体又称稀有气体，是化学性质稳定的一类元素。有的生产部门常用它们来作保护气。惰性气体通电时会发光，世界上第一盏霓虹灯是填充氖气制成的。利用惰性气体可以制成多种混合气体激光器。氦气可以代替氢气装在飞艇里，且不会着火、爆炸。

② 放射性物质

某些物质的原子核能发生衰变，会放出我们肉眼看不见也感觉不到，只能用专门的仪器才能探测到的射线，物质的这种性质叫放射性。放射性物质是那些能自然地向外辐射能量，发出射线的物质，一般都是原子质量很高的金属，像钚、铀等。放射性物质放出的射线有三种，它们分别是α射线、β射线和γ射线。

③ 肺癌

肺癌是发生于肺脏的疾病，最常见的肺原发性恶性肿瘤，绝大多数肺癌起源于支气管黏膜上皮，故亦称支气管肺癌。肺癌的分布情况是右肺多于左肺，上叶多于下叶，从主支气管到细支气管均可发生癌肿。目前，肺癌是全世界癌症中死亡率最高的一种。

▲ 氡气元素符号

27 控制氡气污染

居室空气中氡的来源广泛，除了建筑材料外，还有其他多种来源。使用含氡量高的饮用水时，氡可从水中散发出来。专家们在一个浴室内经测定确认，当水龙头放水15分钟后，氡在空气中的含量增加了25%。厨房里煤、液化石油气等燃料燃烧时也可使氡释放出来进入空气中。

▲ 空气调节器可以减轻室内氡气污染

研究表明，把一些放射性核素含量较高的炉渣、矿渣用作建筑材料，就会不知不觉地将大量的氡带到居室环境中。居室装修时，若再使用一些放射性核素含量较高的天然石材和人造装饰材料，就会增大室内氡的浓度水平，从而对人体造成危害。

为了减轻氡污染的程度，专家们认为加强室内通风是室内降氡的主要方法。通风既可采用自然通风，也可以采用人工通风，如使用排气扇、空调、空气交换机等。有关实验表明，常开门窗的室内与室外氡的浓度相近，较封闭的室内开门窗通风三小时氡浓度才降至正常，房间关闭两天后氡的浓度会上升两倍多。其次是严格控制含有天然放射性核素铀、钍、镭等建筑装饰材料的使用，并在城市规划和建筑物选址时注意避开高氡地质背景区。另外，对于所用水源应测量水体的含氡量，含氡过高的水体不宜作为饮用水源。

① 液化石油气

液化石油气又称液化气，是炼厂气、天然气中的轻质烃类，在常温、常压下呈气体状态，在加压和降温的条件下可凝成液体状态，它的主要成分是丙烷和丁烷。液化气是一种新型燃料，还可用于切割金属、农产品的烘烤和工业窑炉的焙烧等。

② 空调

空调即空气调节器，它的功能是对房间（或封闭空间、区域）内空气的温度、湿度、洁净度和空气流速等参数进行调节，以满足人体舒适或工艺过程的要求。可分为单体式、挂壁式、立柜式、嵌入式以及中央空调。

③ 地质环境

所谓地质环境，是由岩石、浮土、水和大气等地球物质组成的体系。人类和生物都依赖地质环境而生存和发展，同时，人类和生物的活动又不断地改变着地质环境。地质环境是地球演化的产物。

28 城市光化学烟雾

　　光化学烟雾的形成机理十分复杂，主要是汽车尾气中的碳氢化合物和氮氧化合物，在强烈阳光作用下，发生一系列化学反应形成的。它的形成条件是：有碳氢化合物和一氧化二氮等一次污染物，而且达到一定的浓度；有一定的阳光照射，才能引起光化学反应，生成臭氧等二次污染物；有一定的气象条件等。

　　光化学烟雾的表现特征是烟雾弥漫，大气能见度低，发生时间多在夏秋季节的晴天，污染高峰出现在中午或稍后，傍晚消失。如果遇

▲ 光化学烟雾导致能见度降低

到不利于扩散的气象条件，烟雾就会积聚不散，造成大气污染事件。

20世纪40年代以来，美国洛杉矶出现了一种新型的大气污染，它是汽车、工厂等污染源排入大气的碳氢化合物、氮氧化物等，在阳光作用下，发生光化学反应，并且生成二次污染物的现象，因此叫作光化学烟雾污染，又称洛杉矶烟雾。

洛杉矶烟雾与早期的伦敦烟雾有所不同。伦敦烟雾主要是二氧化硫和悬浮颗粒的混合物通过化学作用生成硫酸等，危害人的呼吸系统；洛杉矶烟雾则是碳氢化合物和氮氧化合物在强烈的阳光作用下，发生光化学反应，从而生成刺激性产物危害人体。

❶ 水平能见度

水平能见度是指视力正常者能对他所在的水平面上的黑色目标物加以识别的最大距离，如果在夜间则指能看到和确定的一定强度灯光的最大水平距离。气象上所定义的能见度只受大气透明度的影响，在交通运输和环境保护方面具有特殊的意义。

❷ 二次污染物

二次污染物又称继发性污染物，是排入环境的一次污染物由于自然界中物理、化学和生物因子的影响，其性质和状态发生变化而形成的新的污染物。二次污染物对环境和人体的危害通常比一次污染物严重。

❸ 洛杉矶

洛杉矶按人口排名，是加州的第一大城，也是仅次于纽约的美国第二大城市，位于美国西岸加州南部。洛杉矶一年四季阳光明媚，气候温和宜人，干燥少雨，平均气温在12℃左右，北部属于地中海气候，南部属热带沙漠气候。

29 淡蓝色的杀手

光化学烟雾是一种淡蓝色的窒息性气体,它于20世纪40年代初在洛杉矶被最早发现,所以又被称为"洛杉矶烟雾"。后来,在东京、悉尼等世界名城也都出现过它的踪影。

光化学烟雾的形成是大气污染造成的,是由大气中的氮氧化合物、碳氢化合物等污染物质在太阳紫外光照射下发生光化学反应后生成的"次污染物",其主要成分是臭氧、过氧乙酰和硫酸雾等。它们对人有强烈的刺激和毒害作用,而制造这种害人烟雾的罪魁祸首主要是汽车。

最近几年,人们对光化学烟雾的发生源、发生条件、反应机理和模式、对生物体的毒害,以及光化学烟雾的监测和控制技术等方面进行了广泛的研究。世界卫生组织已经将光化学烟雾中的臭氧作为判断大气质量的标志之一。

光化学烟雾出现时,会对人的眼、喉、鼻等器官产生强烈刺激,使人流泪、喉痛、胸痛,并造成呼吸衰竭等现象,严重时可使人丧命。光化学烟雾不仅危害人体健康,而且对植物的危害也很严重。洛杉矶烟雾发生期间,郊区蔬菜全部由绿色变为褐色,无人愿意食用,大批树木落叶、枯萎、死亡。烟雾还使家畜生病,橡胶制品老化,建筑物和机器腐蚀损坏。人们将之称为"淡蓝色的杀手"。

▲ 光化学烟雾是淡蓝色的杀手

① 橡胶

橡胶是高弹性的高分子化合物，是提取橡胶树、橡胶草等植物的胶乳加工后制成的具有弹性、绝缘性，不透水和空气的材料。按原料分为天然橡胶和合成橡胶；按形态分为块状生胶、乳胶、液体橡胶和粉末橡胶；按使用又分为通用型和特种型两类。

② 臭氧

臭氧和氧气是同胞兄弟，都是氧元素的同素异形体。臭氧是一种浅蓝色、微具腥臭味的气体。温度在-119℃时，臭氧液化成深蓝色的液体；温度为-192.7℃时，臭氧固化为深紫色晶体。臭氧具有不稳定性和强烈的氧化性。随着温度的升高，臭氧分子的不稳定性增加，分解加速。

③ 世界卫生组织

世界卫生组织是联合国下属的专门机构，国际最大的公共卫生组织。其宗旨是使全世界人民获得尽可能高水平的健康。它的总部设于瑞士日内瓦。

30 城市噪光污染

▲ **噪光污染**

　　人们过去只听说过，当声音达到多少分贝后会造成噪声污染，现在又冒出来什么噪光污染，这是怎么回事呢？所谓噪光，就是干扰了人们正常生活、工作和学习等活动，使人感到厌烦恼怒，对人的身体、心理和生理健康产生一定影响甚至危害的光线。例如，现代都市高层建筑物镜面墙体的反光，歌厅、舞厅里那种红红绿绿、闪烁飞炫的彩光，黑夜里影响附近居民睡眠的探照灯光等，都是噪光。总而言之，噪光就是人们不需要的光。

　　噪光污染和噪声污染一样，都是由空气的物理变化而产生的，并无化学反应的残余物质，属于物理污染。噪光与噪声所不同的是，噪声通过听觉危害人的健康，而噪光则通过视觉危害人的健康，都是有害的物理变化。

20世纪八九十年代，镜面建筑开始传入中国。各个城市的闹区、商场、酒楼都用大块镜面或铝合金装饰门面，大面积的玻璃幕墙装潢随处可见。这些镜面建筑的反射光线，不仅给市民们带来了时尚与新奇，也带来了令人烦恼、恶心、致病的噪光污染。比太阳光照射更强烈的反射光，烤得附近室内居民如置身火炉，有的地方甚至因此而发生火灾。

❶ 噪声来源

噪声的来源有以下几种：交通噪声，包括机动车辆、船舶等发出的噪声；工业噪声，指工厂的各种设备产生的噪声；建筑噪声，主要来源于建筑机械发出的噪声；社会噪声，指人们的社会活动和家用电器等发出的噪声；家庭生活噪声等。

❷ 反射

反射是声波、光波等遇到其他的媒质分界面而部分仍在原物质中传播的现象。材料的反射本领叫作反射率。不同材料的表面具有不同的反射率，其数值多以百分数表示。同一材料对不同波长的光可有不同的反射率，这个现象称为选择反射。

❸ 铝合金

铝合金是以铝为基的合金的总称，主要合金元素有铜、硅、镁、锌、锰，次要合金元素有镍、铁、钛、铬、锂等。它是工业中应用最广泛的一类有色金属结构材料，目前在航空、航天、汽车、机械制造、船舶及化学工业中已大量应用。

31 噪光污染的危害

在现代都市环境中，噪光来源十分广泛。在都市里，许多商店大楼用大块镜面或铝合金装饰门面，有的甚至从楼顶到屋底全部用镜面装潢，来到这里，人们仿佛置身于一个镜子的世界。在太阳光的照耀下，整个建筑物明晃晃、白花花，令人头晕目眩，几乎不辨方向。不可否认，这光芒四射的玻璃幕墙的确给建筑物增添了几分色彩和魅力，给都市带来几分美丽，但是，当人们置身于这亮丽的景色时，也不知不觉地受到了光污染的伤害。在强烈的阳光照耀下，玻璃幕墙、釉面瓷砖、铝合金板、抛光花岗石、粉刷的白色墙面等建筑反光都十分强烈，成为现代都市的光污染源。据测定，粉刷的白色墙面光反射系数为69%～80%，而玻璃幕墙的反射系数可达82%～90%，比传统的青砖红瓦和绿色的草地的反射力要高出数十倍，大大超过了人体所能承受的范围。2008年，在长春市一辆小型面包车的司机因建筑物玻璃幕墙的反光产生幻觉，车辆撞上路边的围墙，造成一死三伤。

对于防治噪光污染，尚缺乏配套的法规，也存在执行不力的问题。如今，只有全民动手，在建筑群周围栽树种花，广植草皮，以改善和调节采光环境。

① 激光污染

激光污染是光污染的一种特殊形式。激光具有方向性好、能量集中、颜色纯等特点，而且它通过人眼晶状体的聚焦作用后，到达眼底时光强度可增大几百至几万倍，所以激光对人眼有较大的伤害作用。

❷ 眩光污染

汽车夜间行驶时照明用的头灯、厂房中不合理的照明布置等都会造成眩光。某些工作场所，例如火车站、机场以及自动化企业的中央控制室，过多或过分复杂的信号灯系统也会造成工作人员视觉敏锐度的下降，从而影响工作效率。

❸ 玻璃幕墙

玻璃幕墙是指由支承结构体系与玻璃组成的、可相对主体结构有一定位移能力、不分担主体结构所受作用的建筑外围护结构或装饰结构。它是一种美观新颖的建筑墙体装饰方法，是现代主义高层建筑的显著特征。

▲ 玻璃幕墙反光十分严重

32 光的视觉污染

　　各种信号灯、探照灯，五光十色的霓虹灯及飞机场的灯光标志等在某种情况下也会成为污染源。当人们置身于布满五花八门的闪光灯和照明灯的环境中时，就会感到眼花缭乱，心情烦躁不安。据有关部门调查，大多数歌舞厅的光源辐射压都超过了极限值。这种高密集的热性光束，通过眼睛晶状体聚集于视网膜上，焦点温度可高达70℃以上，从而造成眼底过热，这对眼睛和脑神经十分有害。彩光污染还会不同程度地引起人体倦怠无力、性欲减退、阳痿、月经不调等身心方

▲ 霓虹灯是光污染的元凶之一

面的病症。

此外，现代城市有许多电线杆、各种路标、电话线、广告、张贴、宣传品等，琳琅满目，杂乱无章，形成了一种令人生厌的视觉环境，人们称之为"视觉污染"。它也是一种特殊形式的光污染。

尽管世界各国对光污染还没有制定出相关的法律法规，仅有少数国家对玻璃幕墙的反光度做出了界定，但是种种迹象表明，人们正在加紧制定防治光污染的措施，限制和治理光污染已成为人们的共识。

❶ 闪光灯

闪光灯能在很短时间内发出很强的光线，是照相感光的摄影配件。类型不同，其功能和性能也不同。闪光灯大致可分为内置闪光灯、外置闪光灯、手柄式闪光灯和电子警察闪光灯。

❷ 霓虹灯

霓虹灯是城市的美容师。每当夜幕降临，华灯初上，五颜六色的霓虹灯就把城市装扮得格外美丽。霓虹灯具有效率高、温度低、耗能少、寿命长、制作灵活、色彩多样、动感强等优点，但它也是造成光学污染的元凶之一。

❸ 辐射

辐射是指热、光、声、电磁波等物质向四周传播的一种状态。物体通过辐射所放出的能量，称为辐射能。一般可依其能量的高低及电离物质的能力分类为电离辐射和非电离辐射。辐射之能量从辐射源向外所有方向都是直线放射。

33 城市"人工白昼"

▲ 城市人工白昼

随着现代文明的发展，都市里的白昼越来越长。夜幕低垂，建筑物内灯火通明，大街上各种各样的广告牌、霓虹灯闪烁跳跃，令人眼花缭乱，现代歌舞厅所安装的黑灯、旋转灯、荧光灯以及闪烁的彩色光源，让人感觉不到夜晚的黑暗。人们处在这样的都市环境中，黑夜就跟白天一样，这就是所谓的"人工白昼"。

人工白昼不仅对眼睛不利，对于大脑中枢神经也有干扰，会导致人恶心、头晕、失眠等。经常处在光照环境下的新生儿，可能会出现营养和睡眠方面的问题。科学家最近发现，人工光源还会造成电磁干扰，影响其他电器的使用。例如，30千米内的霓虹灯光的闪烁就可以影响和干扰天文望远镜的观测精度。报纸上曾报道过紫金山天文台的天文望远镜受南京城里某些霓虹灯干扰的事情。

英国的研究人员通过实验证明，日光灯是引起偏头痛的主要原因之一。而荧光灯照射时间过长会降低人体对钙的吸收能力，导致机体缺钙。

"人工白昼"还会伤害昆虫、鸟类和一些植物，破坏空间的正常活动或休眠程序。这种昼夜不分的生活环境，还会导致生物体内大量遗传细胞变性，使不正常的细胞增加，扰乱机体自然平衡。

❶ 天文台

天文台是专门进行天象观测和天文学研究的机构，可分为光学天文台、射电天文台和空间天文台。每个天文台都拥有一些观测天象的仪器设备，主要是天文望远镜。公元前2600年，古埃及为了观测天狼星，建立了迄今为止世界上最早的天文台。

❷ 天文望远镜

天文望远镜是观测天体的重要手段。随着望远镜在各方面性能的改进和提高，天文学也正经历着巨大的飞跃，迅速推进着人类对宇宙的认识。用能看多远来评价一台光学仪器是错误的，只能说看多清楚。

❸ 电磁干扰

电磁干扰是无用电磁信号或电磁骚动对有用电磁信号的接收产生不良影响的现象。电磁干扰是人们早就发现的电磁现象，它几乎和电磁效应的现象同时被发现。1981年，英国科学家发表"论干扰"的文章，标志着研究干扰问题的开始。

34 电磁波污染

伴随着现代科技的发展，电磁波在无线电通讯、广播、电视、国防、医学及电器工业等方面的应用越来越广泛。许多城市矗立起高高的电视发射台，高压输电线路蛛网般密布，成百上千台电子计算机正连接在统一的系统内，通讯卫星一个接着一个进入空间轨道，各种家用电器走进千家万户。虽然它们给人们的生活带来了极大的方便和乐趣，但是也造成了环境的电磁辐射污染，对人体产生潜在危害。

电磁波看不见、摸不着，使人防不胜防，因而对人类的生存环境构成了新的威胁。联合国人类环境会议还将电磁波污染列为"造成公害的主要污染"之一。电磁波具有一定的生物效应，高强度的电磁辐射已经达到直接威胁人体健康的程度。

据研究，当人体承受超

▲ 电磁辐射无处不在

量的电磁波时，会出现头晕、恶心、工作效率降低、记忆力减退等症状。长期生活在电磁波高频辐射环境中的人，普遍会感到头痛头晕、周身不适、疲倦无力、失眠多梦、记忆力降低、口干舌燥，有的人还表现出发热、多汗、麻木、胸闷、心悸等症状，女性还可能出现月经周期紊乱、患上不孕症等，少数人会血压升高或降低、心律不齐，患上白内障等。

❶ 电磁辐射

电磁辐射又称电子烟雾，是在射频条件下，电磁波向外传播过程中存在电磁能量发射的现象。它由空间共同移送的电能量和磁能量组成，而该能量是由电荷移动所产生的。电磁辐射所产生能量的大小取决于频率的高低，频率越高，能量越大。

❷ 无线电

无线电是指在自由空间（包括空气和真空）传播的电磁波。无线电最早被应用于航海中，主要是利用摩尔斯电报在船与陆地间传递信息。现在，无线电有多种应用形式，包括无线数据网、各种移动通信以及无线电广播等。

❸ 白内障

白内障是发生在眼球里面晶状体上的一种疾病。任何晶状体的混浊都可被称为白内障。白内障是最常见的致盲和视力残疾的原因，全世界约有25%的人都患有白内障。

35 电磁辐射的影响

有关专家通过实验表明：电磁辐射对生物体的影响主要是使机体组织烧伤。电磁辐射照在生物体上，一部分被反射掉，一部分被生物体吸收，被吸收的能量越多，加热效应就越强。生物体对不同频率电磁波能量的吸收有所不同，微波被吸收的比率较大，并且微波对人体的加热效应，皮下肌肉常常比皮肤表面更强，因此医学上常利用这个原理来做电磁波理疗。

由于电磁辐射的主要效应是使机体组织加热，所以它对血液流通较差的组织伤害较明显，因为这些组织受热后，不易通过血液把热带走。如睾丸和眼睛的晶状体就是这类组织，睾丸被加热到温度上升10℃～20℃时，就会影响精子的发育；眼睛的晶状体受热过多，将引发白内障。不过，产生这类伤害所需要的微波能量相当大，除了接触微波强度大的雷达人员和微波站工作人员外，一般人很少会受到这种伤害。

电磁辐射对心血管系统和血液系统也会造成不良影响。如通过对雷达操纵手进行调查，发现多数人的白细胞数偏低。

电磁辐射除了对生物体具有广泛而复杂的作用外，还会对近场区产生电磁干扰，干扰电视机、收音机的功能，也可能使自动控制装置失灵、飞机和船舶导航发生误差等，从而造成严重危害。

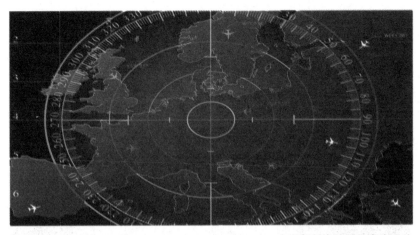

▲ 电磁辐射会使导航发生误差

❶ 频率

频率是单位时间内完成振动的次数，是描述振动物体往复运动频繁程度的量。每个物体都有由它本身性质决定的与振幅无关的频率，叫作固有频率。频率概念不仅应用在声学中，在电磁学等技术中也常用到。交变电流在单位时间内完成周期性变化的次数就叫作电流的频率。

❷ 微波

微波是波长为1毫米到1米之间的电磁波，是无线电波中一个有限频带的简称。微波频率比一般的无线电波频率高，通常被称为"超高频电磁波"。它具有很强的穿透云雾的能力，并可用于全天候遥感。

❸ 雷达

雷达是利用电磁波探测目标的电子设备。各种雷达的具体用途和结构不尽相同，但基本形式是一致的，包括发射机、发射天线、接收机、接收天线、处理部分以及显示器，此外还有电源设备、数据录取设备、抗干扰设备等辅助设备。

36 电磁波污染源

▲ 太阳磁暴会产生电磁干扰

电磁波污染有天然的电磁波污染和人为的电磁波污染两种。

天然的电磁波污染是由某些自然现象引起的，最常见的是大气中由于电荷的积累而产生的雷电现象。它除了可能对电气设备、飞机、建筑物造成危害外，还会在广大地区的极宽频率范围内产生明显的电磁干扰。火山喷发、地震、宇宙射线和太阳黑子活动引起的太阳磁暴等也会产生电磁干扰。天然电磁污染除对人体、财产等产生直接的破坏外，它所造成的电磁干扰危害也很大，尤其对短波通讯的干扰最为严重。

人为的电磁波污染主要有脉冲放电、工频交变磁场、射频电磁的辐射等。工频场源主要指大功率输电线路产生的电磁污染，如大功率电机、变压器、输电线路等产生的电磁场。它不是以电磁波形式向外辐射，主要是对近场区产生电磁干扰。射频场源主要是指无线电、电视和各种射频设备在工作过程中所产生的电磁辐射和电磁感应。这些都会造成射频辐射污染，并且这种射频辐射频率范围宽，影响区域大，对近场工作人员危害也较大，是电磁波污染的主要因素。

① 电荷

电荷是指带正负电的基本粒子，可分为正电荷与负电荷。无论是正电荷还是负电荷，都具有吸引轻小物体的能力。古代人类很早就观察到"摩擦起电"的现象，并认识到电有正负两种，同种相斥，异种相吸。电荷的多少叫电荷量，即物质、原子或电子等所带的电的量。

② 雷

雷是自然现象中的一种，是闪电通道急剧膨胀产生的冲击波退化而成的声波，表现为伴随闪电现象发生的隆隆响声。其实雷就是天空中带不同电的云相互接近时产生的一种大规模的放电现象。在云体内部与云体之间产生的雷为高空雷；在云地闪电中产生的雷为落地雷。

③ 太阳黑子

太阳黑子是在太阳的光球层上发生的一种最基本、最明显的太阳活动。太阳黑子实际上是太阳表面一种炽热气体的巨大漩涡，温度大约为4500℃，因为其温度比太阳的光球层表面温度要低1000℃～2000℃，所以看上去像一些深暗色的斑点。

37 防治电磁波污染

　　怎样防治电磁波污染呢？一般认为把电台、微波站等会产生电磁污染的设施建设在人口稀少的地方，2000米以内最好不要有人居住，还应制定设备的辐射标准并进行严格控制。对于已经进入环境中的电磁辐射，污染已不可避免，就要采取一定的技术防护办法以减少辐射对人及环境的危害。常用的防护办法有下列几种：

　　区域控制及绿化。对于工业集中城市、电子设备密集使用地区，可将电磁辐射源相对集中在某一区域，使之远离一般工作区或居民区，并对这样的区域设置安全隔离带，从而控制电磁辐射的危害。由于绿色植物对电磁辐射有较好的吸收作用，因此加强绿化也是防治电磁波污染的有效措施。

　　屏蔽保护可以减轻电磁波污染的危害。使用某种能抑制电磁辐射扩散的材料，将电磁场源与其环境隔离开来，使辐射被限制在某一范围内，从而达到防治电磁污染的目的。从防护技术角度来说，这是目前应用最多的一种办法。

　　吸收防护法。采用对某种辐射能量具有强烈吸收作用的材料，敷设于场源外围，防止大范围污染。这种方法对于近场区防治微波辐射效果较好。

　　对于微波作业人员等，应采用特制的防护衣、防护眼镜和防护头盔等防护设备来进行个人保护，以防止电磁波污染的危害。

❶ 电磁场

　　电磁场是由相互依存的电磁和磁场构成的一种物理场。电场随时间变化时产生磁场，磁场随时间变化时又产生电场，两者互为因果，形成电磁场。电磁场是电磁作用的媒递物，具有能量和动量，是物质存在的一种形式。

❷ 计算机辐射危害

　　每天在计算机前操作6个小时以上的工作人员，易患上一种名为"VOT"的病症。它的主要症状是：视力功能障碍，自主神经功能紊乱，颈、肩、腕功能障碍等。此外，长时间的电磁辐射还会导致女性月经不调、流产等。

❸ 手机电磁辐射大

　　手机是一个高频电磁波的发射源，每通话一次就代表发射了一次电磁波。手机的电磁辐射强度一般超过规定标准的4～6倍，个别类型甚至超过近百倍。根据中国电磁辐射测试中心和厦门长青源放射防护研究所经过两年的跟踪检测证实，目前中国使用的移动电话会对人体产生辐射危害。

▲ 辐射防护服可以有效隔离辐射

38 噪声的来源（一）

噪声的来源很多，一般分为自然现象引起的噪声和人为造成的噪声两大类。

自然噪声有火山爆发、地震、滑坡、雪崩等现象产生的巨大声响，还有大海潮汐声、风雷瀑布等发出的声音等。产生这些噪声的自然事物和现象都是自然污染源。

对人类生产生活影响更大的是人为噪声。人为噪声按其来源不同分为交通噪声、社会生活噪声、建筑施工噪声和工业噪声四种。

交通噪声是由各种交通运输工具在行驶中产生的，如在地面行驶的小轿车、载重汽车、电车、火车、摩托车等，空中航行的飞机，

▲ 邻里噪声干扰

水面行驶的船只等交通运输工具发出的喇叭声、汽笛声、刹车声、排气声、发动机的转动声、车体及零件的颠簸声等。交通噪声是对环境影响最大、涉及面最广的噪声，且危害的人数最多。就城市来说，60%～70%的噪声来自交通工具。如美国芝加哥的俄亥俄国际机场，飞机一年起落69.9万架次，平均每天起落200架次，昼夜轰鸣声不断，严重干扰环境的安宁，对居民危害严重。据调查，中国许多城市由于汽车增多、管理不善，交通噪声也十分突出。车声隆隆，喇叭刺耳，严重干扰人们的工作、学习和生活。

❶ 火山爆发

火山爆发是一种奇特的地质现象，是地壳运动的一种表现形式，也是地球内部热能在地表的一种最强烈的显示。因岩浆性质、火山通道形状、地下岩浆库内压力等因素的影响，火山喷发的形式多种多样，一般可分为裂隙式喷发和中心式喷发。

❷ 地震

地震又称地动，是指地壳快速释放能量过程中造成震动，其间会产生地震波的一种自然现象。它就像海啸、龙卷风一样，是地球上经常发生的一种自然灾害。地震常常造成严重的人员伤亡，能引起火灾、有毒气体泄漏及放射性物质扩散，还可能造成海啸、崩塌等次生灾害。

❸ 雪崩

雪崩是当山坡积雪内部的内聚力抗拒不了它所受到的重力拉引时，便向下滑动，引起大量雪体崩塌的自然现象。雪崩的同时还有可能引起山体滑坡、泥石流和山崩等可怕的自然灾害。如今，雪崩已被人们列为积雪山区的一种严重自然灾害。

39 噪声的来源（二）

▲ 建筑噪声

社会生活噪声也是经常发生的，如高音喇叭、收录机、电视机、洗衣机、缝纫机、厨房剁菜等产生的噪声，是左邻右舍互相干扰的主要噪声源。特别是楼房里的敲打声、拖拉凳子声、小孩跑跳声、大声喧哗等噪声最易影响人们的学习和休息，且经常引起纠纷，导致社会矛盾产生。其他还有商业叫卖声、歌舞厅的噪声等对周围居民也有严重影响。

建筑施工噪声来自建筑工地的各种施工机械，如破路机、打夯机、打桩机、混凝土搅拌机、吊车等。大多数工地离居民住宅较近，会对附近居民的生活造成很大的干扰。

工业噪声是工厂中各种机械设备震动、摩擦、撞击以及气流扰动等发出的声音，如鼓风机、通风机、车床、电机、电锯、球磨机、纺织机、凿岩机、锻锤等发出的噪声。工业噪声一般持续时间长，有的机器长年运转，昼夜不停，不仅给生产工人带来危害，而且对工厂附近的居民也影响极大，尤其是在那些住宅、工厂混合地区，中小工厂混在高密度市街区中，震动与噪声简直使居民无法忍受。工业噪声还是造成工人耳聋的主要原因。

❶ 打桩机

打桩机是利用冲击力将桩贯入地层的桩工机械，由桩锤、桩架及附属设备等组成。按运动的动力来源可将其分为落锤打桩机、气锤打桩机、柴油锤打桩机和液压锤打桩机。

❷ 电锯

电锯又称动力锯，是以电作为动力，用来切割木料、石料、钢材等的切割工具，边缘有尖齿。它是由德国人安德雷阿斯·斯蒂尔于1926年发明的，极大地节省了切割材料所耗费的时间和人力。

❸ 纺织机

纺织机就是把线、丝、麻等原材料加工成丝线后织成布料的工具。古今纺织工艺流程和设备的发展都是为适应纺织原料而设计的，因此，原料在纺织技术中具有重要的地位。在古代世界各国用于纺织的纤维均为天然纤维，一般是毛、麻、棉三种短纤维。

40 噪声对动物的影响

根据测定，120～130分贝的噪声能引起动物听觉器官的病理性变化，130～150分贝的噪声能引起动物听觉器官的损伤和其他器官的病理性变化，150分贝以上的噪声会使动物内脏器官发生损伤，严重的可导致死亡。

专家指出，强噪声会使鸟类羽毛脱落，不生蛋，甚至发生内脏出血。如果把兔子放在吵闹的工业环境中饲养，其胆固醇比正常状况下要高得多。在更强的噪声作用下，兔子的体温升高，心跳紊乱，耳朵全聋，眼睛也会暂时失明，生殖和内分泌的规律也发生变化。在英国的皇家空军基地，飞机经常进行低空飞行训练，骚扰得附近鸡犬不宁。

美国的肿瘤专家曾做过这样的实验，他们把实验用的老鼠分成两组，一组放在无噪声干扰的环境中饲养，

▲ 噪声严重干扰人体和动物健康

另一组放置于噪声环境中。3个月后，不受噪声污染的老鼠中患癌症的只有7%，而受噪声危害的老鼠中患癌症的竟高达60%。随后，专家们又对小鼠臀部做了癌细胞接种实验，把同样数量的小鼠分别喂养在受噪声干扰和不受噪声干扰的两种环境里，3个月后发现，不受噪声干扰的一组小鼠中，癌细胞转移的比率是30%，而受噪声危害的另一组小鼠中，癌细胞转移的比率竟高达100%。可见噪声是可以导致癌症的。

① 器官

器官是动物或植物的由不同的细胞和组织构成的结构（如心、肾、叶、花等），用来完成某些特定功能，并与其他分担共同功能的结构一起组成各个系统。植物的器官比较简单，动物的器官则十分复杂。大部分的藻类植物根本没有器官的分化，一些单细胞藻类仅仅只是一个细胞而已。

② 细胞

细胞是生命活动的基本单位，可分为原核细胞和真核细胞。一般来说，绝大部分微生物（如细菌等）以及原生动物由一个细胞组成，即单细胞生物；高等动物与高等植物则是多细胞生物。世界上现存最大的细胞为鸵鸟的卵。

③ 胆固醇

胆固醇又称胆甾醇，广泛存在于动物体内，尤以脑及神经组织中最为丰富，在肾、脾、皮肤、肝和胆汁中含量也高。它是动物组织细胞不可缺少的重要物质，它不仅参与形成细胞膜，而且是合成胆汁酸、维生素D以及甾体激素的原料。

41 切断噪声来源

　　噪声是一种物理污染。声音发出后，在传播过程中能量随着距离的增加而衰减，而且噪声的辐射具有指向性。噪声的这些特性使人们从传播途径上减噪成为可能。

　　目前的科学技术水平还不能使一切机器设备都达到低噪声，这就需要在声音的传播途径上想办法去控制噪声。简单的办法是把声源安置在远离需要安静的地方，或在噪声的传播方向上建立隔声屏障，如日本在机场和高速公路边都设置了绿化带，让绿色植物的茂密枝叶使声波发生多次反射和折射，以此来达到减噪的目的。此外，也可利用土坡、山丘等天然屏障减噪。

　　吸声、隔声、消声、隔振等也可以降伏噪声。吸声主要是利用吸声材料和吸声结构来吸收声能。在建造会发出噪声的房屋，如厂房、会议室、剧场等时，利用棉、毛、麻、玻璃棉、泡沫塑料等吸声材料做内墙壁面，可使噪声降低。噪声声波辐射进入多孔材料时，会引起空隙中的空气振动，与孔壁产生摩擦，把声能转变为热能，从而使噪声降低。在建筑结构上，利用薄板、空腔共振、微穿孔板等吸声结构，也可达到减噪目的。

① 高速公路

　　高速公路属于高等级公路，是指能适应年平均昼夜小客车交通量为2.5万辆以上、专供汽车分道高速行驶并全部控制出入的公路。高速公路的建设情况可以反映一个国家和地区的交通发达程度乃至经济发展的整体水平。

❷ 折射

折射是光从一种透明介质斜射入另一种透明介质时，传播方向发生变化的现象。光的折射与光的反射一样都是发生在两种介质的交界处，只是反射光返回原介质中，而折射光则进入另一种介质中。由于光在两种不同的物质里传播速度不同，故在两种介质的交界处传播方向会发生变化。

❸ 山坡

山坡是介于山顶与山麓之间的部分，是构成山地的三大要素之一。山坡的形态复杂，有直形、凸形、凹形、"S"形，较多的是阶梯形。因为山坡分布的面积广泛，所以山坡地形的改造变化是山地地形变化的主要部分。

▲ 隔音泡沫

42 隔声降噪

▲ 隔声墙

空气中传播的噪声可采用隔声的办法来降低。隔声就是用屏蔽物将声音挡住，隔离开来。如墙壁、门窗可以把室外的噪声挡住，不让它传到室内来。由于声波是弹性波，作用在屏蔽物上会激发屏蔽物的振动，向室内辐射声波。在这种情况下，如果采用隔声性能好的双层结构，会收到极好的隔声效果。

在建筑房屋时，修建有空气夹层的两层墙，墙中填多孔水泥砖、玻璃棉、矿渣棉等吸声材料，可减少户外噪声传入室内，也可减少相邻房间噪声的相互干扰。当声波传到第一层墙时产生振动，振动遇到夹层中的吸声材料时，会因它们的弹性和附加吸声作用而衰减，这时再传给第二层墙，衰减就更加明显。同样的原理可以用来改善楼板的隔声效果，在楼板上加做一层地板，中间添上弹性材料，就会大大减轻脚步声、家具移动声等噪声的传播。

波兰还研制出了一种双层结构的防噪声玻璃，其隔声效果极佳，当室外声音达40分贝时，室内声音才只有13分贝。隔声罩是在机器噪声控制中常常采用的措施。隔声罩一般由隔声材料、阻尼材料和吸声材料构成。

❶ 水泥

水泥是粉状水硬性无机胶凝材料，加水搅拌成浆体后能在空气或水中硬化，用以将砂、石等散粒材料胶结成砂浆或混凝土。水泥按用途和性质可分为通用水泥、专用水泥及特性水泥。

❷ 矿渣

矿渣是矿石经过选矿或冶炼后的残余物。矿渣在工业生产中发挥着重要的作用。矿渣可提炼加工为矿渣水泥、矿渣微粉、矿渣粉、矿渣硅酸盐水泥、矿渣棉、高炉矿渣、粒化高炉矿渣粉、铜矿渣等。

❸ 砖

砖是以黏土、页岩以及工业废渣为主要原料制成的小型建筑砌块，俗称砖头。中国在春秋战国时期陆续创制了方形砖和长形砖，秦汉时期制砖的技术和生产规模、砖的质量和花式品种都有显著发展。

43 变噪声为福音

　　当代社会，噪声越来越多，越来越大，尤其是那些生活在城市和工矿区的人们，更是被各式各样的噪声所包围。机器轰鸣声、闹市的叫卖声、高音喇叭声和各种交通工具的喇叭声、汽笛声、刹车声、排气声、电机的转动声、车体的颠簸声……噪声喧嚣，声声刺耳。令人讨厌的噪声，给环境造成了严重污染，严重地影响着人们的生活、工作和学习，还给人们的身体健康带来危害。提起噪声，人们无不为之切齿。但是，世界上的事情总是千变万化的，没有任何事情是绝对的。噪声也和其他事物一样，并非完全有害，也有可被人利用、为人类造福的一面。许多科学家在噪声利用方面做了大量的研究工作，取得了可喜的技术成果，这些成果的应用将会使恼人的噪声变成福音，造福于人类。

　　噪声是声波，所以它也是一种能量。如鼓风机的噪声为140分贝时，其噪声就具有1000瓦的声功率。英国剑桥大学的科学家们曾做了利用噪声发电的尝试，他们设计了一种鼓膜式声波接收器，把这种接收器与一个共鸣器连接在一起，放置在强噪声污染区，接收器接收到噪声能，传到电转换器上时，就将声能转变为电能。由此可见，广泛存在的噪声为科学家们开发噪声能源提供了广阔的发展前景。

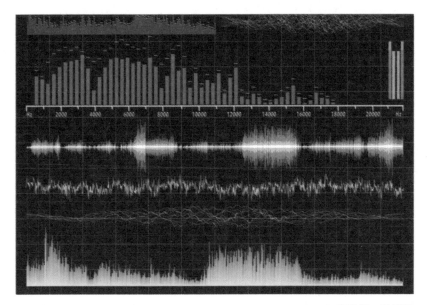

▲ 声波是一种能量

① 汽笛

汽笛是利用机械方法使气体或蒸汽发生强烈振动的发声器，用来向远处发送信号或发生超声。

② 矿区

矿区一般指曾经开采、正在开采或准备开采的含矿地段，包括若干矿井或露天矿。矿区一般都有完整的生产工艺、地面运输、电力供应、通讯调度、生产管理及生活服务等设施。其范围常视矿床的规模而定。

③ 共鸣

发声器件的频率如果与外来声音的频率相同时（音调相同），则它将由于共振的作用而发声，这种声学中的共振现象就是共鸣。共鸣也可指思想上或感情上相互感染而产生的情绪。

44 控制噪声的方法

当今，噪声伴随着现代化而来，未来，噪声将随着高科技而去。如何消除噪声成为环境学家最关注的新课题，而对噪声控制的研究就成为一门新的学科——噪声控制学。它作为一门边缘学科，涉及声音、建筑材料、计算机等多门学科，它将改被动控制噪声而成为主动控制噪声。如今，控制噪声的技术已层出不穷。

"以噪声控制噪声"的技术，即"主动噪声控制"（ANC）技术，是由英国科学家研究出来的。这种技术利用计算机和传感器，将模拟声转化为数字信号，并对它加以分析，产生一个镜像声，此镜像声可以用来消除噪声。美国还成功地用ANC系统消除了工业空调器、

▲ 隔音室

抽风机、核共振成像系统、大功率冰箱的噪声。

1991年，奥地利科学家受隔音室多孔板的启示，研制出一种多孔沥青混凝土。这种混凝土用来筑路可以降低交通噪声。

英国研制的"哑巴金属"铜锰合金，能"吃掉"由振动而产生的噪声，使潜水艇螺旋桨不会发出响声，避免被对方声呐捕捉到。

从现在高科技的发展情况看来，降伏噪声已不在话下，但尚需普及。

❶ 传感器

传感器是一种检测装置，能感受规定的被测量件并按照一定的规律转换成可用信号进行输出，通常由敏感元件和转换元件组成。为了研究自然现象和规律以及生产活动中它们的功能，单靠人们自身的感觉器官是远远不够的，需要借助于传感器。传感器是人类五官的延长。

❷ 隔音室

隔音室是集建筑工程与声学技术、现代制造工业、美学于一身，力求改善与控制噪声污染的一种环保设备。隔音产品根据其使用场合不同，可分为医用类、工业用类、民用类等。

❸ 潜水艇

潜水艇也称潜艇，是一种既能在水面航行又能潜入水中某一深度进行机动作战的舰艇，是海军的主要舰种之一。潜水艇在战斗中的主要作用是：对陆上战略目标实施袭击；攻击大中型水面舰艇和潜艇；消灭运输舰船、破坏敌方海上交通线；布雷、侦察、救援和遣送特种人员登陆等。

45 次声波

在自然界中，除了人耳能听到的声音外，还有一种听不到的声音，这就是次声。

我们知道，声音的高低是由物体振动的快慢和振动幅度决定的。物体振动得越快，振幅大，声音就大；振动慢，振幅小，声音就小。人耳能听到的声音，通常是振动频率在每秒20次到2万次之间的声波。超过每秒2万次的声波人们称为超声波，低于每秒20次的声波则称为次声波。

次声虽然听不见，但是它对人的危害却不可小视。据测定，次声同人体肌肉、内脏器官的振荡频率相吻合，从而很容易引起肌肉和内脏器官的共振。除少数人可能不敏感外，多数人会有反应。当次声达到一定程度时，会使人产生头痛、失眠、烦躁、目眩、恶心、胸部压迫感、四肢麻木、鼻出血及心悸等症状。其中每秒振动5次左右的次声对人体危害最大，能引起神经混乱、视觉模糊、血压升高等症状。强烈的次声可以损伤人的心、肺、脑等器官，甚至致人死亡，而且它还可使机器运转失灵。目前，世界上已经研究出杀伤力极强的次声武器。曾有军事家预言："一旦次声武器能够正式用于实战，其他一切武器都可放进仓库。"由此可见次声的影响力有多大。

① 振幅

振幅是振动物体离开平衡位置的最大距离，在数值上等于最大位移的大小。它描述了物体振动幅度的大小和振动的强弱。物体振动发出声音时，振幅越大，声音就越大，反之振幅越小，声音也越小。

② 肌肉

肌肉包括皮毛、腠理深部的现代解剖学意义上的皮下脂肪、肌肉等组织，具有保护内脏与相关组织、抵御外邪等功能。肌肉司全身运动。人体的肌肉按结构和功能的不同可分为平滑肌、心肌和骨骼肌三种，按形态又可分为长肌、短肌、阔肌和轮匝肌。

③ 声波

声以波的形式传播，故叫作声波。声波借助各种介质（空气、水、金属、木头等）向四面八方传播。声波是一种纵波，是弹性介质中传播着的压力振动。但在固体中传播时，也可以同时有纵波及横波。声音在真空中是不能传播的。

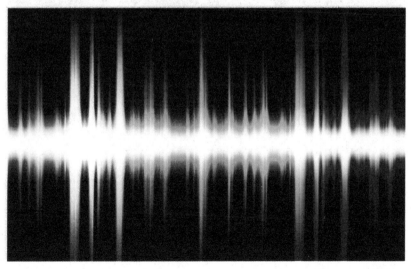

▲ 次声波是无声的杀手

46 次声波无处不在

▲ 电闪雷鸣可以产生次声

在20世纪30年代，有一位声学家曾把一台次声波发生器带进剧场，当剧场开演以后，他将仪器悄悄打开，仪器无声无息，可是不一会儿，本来安静的观众出现了惶恐不安的情绪，并很快蔓延整个剧场。当关闭次声波发生器后，观众的神情很快又恢复正常。

次声源十分广泛，随处都有。自然界的电闪雷鸣、波涛拍岸、台风、地震、火山爆发等现象都会产生次声。如1883年印度尼西亚克拉长托火山爆发时所发出的强大次声，环绕地球三圈，历时108个小时，当时全世界所有的微气压计都记录到这一现象。飞机飞行、火车急驰、火箭发射、核武器爆炸、汽笛长鸣等在发出可听见声音的同时，也会发出人耳听不到的次声。在我们的周围，鼓风机、柴油机、打夯机、压气机、真空泵、各种炉子等在工作时也都会发出次声。尽管这些次声能量不大，但如果与周围的机器设备发生共振，就会产生极强的能量。人体的某些感觉，如风暴来临前的不适感，往往是由较强的次声引起的。地震发生前也是先有次声，强次声可使青蛙跳出井、老鼠逃出洞、鸡不进窝、牛不入圈，这些生物反应可作为地震预报的依据。

次声波很长，渗透性也特别强，并能传播得很远。它能穿透建筑物的坚强厚壁而无明显衰减，也能穿透门窗玻璃等障碍引发二次噪声。

① 台风

台风是热带气旋的一个类别。热带气旋按照强度的不同，依次可分为六个等级：热带低压、热带风暴、强热带风暴、台风、强台风和超强台风。西北太平洋地区是世界上台风活动最频繁的地区，每年登陆中国的台风就有六七个之多。

② 气压计

气压计是能自动连续记录气压随时间变化的仪器，可分为水银气压计和无液气压计。气压计可预测天气的变化，气压高时天气晴朗，气压降低时，将有风雨天气出现。气压计还可测高度。每升高12米，水银柱即降低大约1毫米，因此气压计可测山的高度及飞机在空中飞行时的高度。

③ 核武器

核武器是利用核裂变或聚变反应释放的能量，产生爆炸作用，并具有大规模杀伤破坏效应的武器的总称，包括氢弹、原子弹、中子弹、三相弹、反物质弹等。目前，拥有核武器的国家有美国、俄罗斯、英国、印度、中国、法国、巴基斯坦等。

47 电脑病

电脑给人们的工作、学习和生活带来了极大的方便。然而，人们始料不及的是，随着使用电脑人数的不断增加，由于长期操作电脑而引起的电脑病也随之而至，给人类的身体健康带来了不良影响。

电脑病的出现早已引起各国的重视。据日本科学家对电脑操作人员的调查发现，在电脑图像显示装置前工作的人，感到眼睛疲劳的占83%，肩酸腰痛的占63.9%，经常头痛的占56.1%，食欲不振的占54.4%。此外，有些人还会出现自律神经失调、忧郁症以及动脉硬化性精神病等疾病。而据美国科学家对电脑操作人员的调查发现，每天使用电脑超过3小时者，身体健康出现的毛病是正常人的3倍多，而孕妇出现不良反应的超过90%。

为什么电脑操作会损害人体健康呢？这是因为所有的电脑图像显示装置使用的都是高压静电，从荧光屏中会释放出一定数量的正离子。这些正离子像磁体一样，会吸引附近空气中的负离子。而空气中的负离子具有改善呼吸功能，促进新陈代谢、血液循环和调节神经系统等作用。电脑操作人员长期在低负离子的环境中工作，加上电脑的电磁辐射对中枢神经系统的影响，就会出现头痛、头晕、失眠、记忆力下降、食欲差、四肢疲乏等症状。在这种环境中工作的孕妇，还可能会早产或流产，甚至出现胎儿畸形。

▲ 长时间操作电脑会出现头痛、头晕现象

❶ 负离子

离子是原子失去或获得电子后所形成的带电粒子，负离子就是带一个或多个负电荷的离子。负离子是一种对人体健康非常有益的远红外辐射材料。人类进入富含负离子的场所，会感到头脑清醒，呼吸畅快。空气中的负离子能还原来自大气的污染物质，使空气得到净化。

❷ 静电

静电是一种处于静止状态的电荷。在日常生活中时常会出现静电现象，在干燥和多风的秋天，见面握手时，手指刚一接触到对方，会突然感到指尖有针刺般的疼痛；晚上脱衣服睡觉时，黑暗中常听到噼啪的声响，而且伴有蓝光；早上起来梳头时，头发经常会"飘"起来，越理越乱等。

❸ 新陈代谢

新陈代谢是生物体与外界之间的物质和能量交换以及生物体内物质和能量的转变过程，其中的化学变化一般都是在酶的催化作用下进行的，分为物质代谢和能量代谢。在新陈代谢过程中，既有同化作用（合成代谢），又有异化作用（分解代谢）。

48 电脑危害人体健康

▲ **长时间操作电脑会损伤视力**

电脑操作人员工作量大时，每天要敲打键盘3万次。这种紧张的劳动也会对肌肉与软骨组织造成损伤，天长日久会形成所谓重复的紧张劳动所造成的损害。这种损害多发生于操作人员工作5年以后。

眼睛疲劳是电脑操作人员普遍发生的症状。因为电脑屏幕刺眼，分辨率不高，屏幕上的图形文字不如书本上清晰，有时屏幕还会略有抖动，操作者一连几个小时盯着屏幕，睫状肌、内直肌处于紧张状态，时间长了，眼睛就会酸痛、发痒、视觉模糊等。长时期的眼睛疲劳则易导致近视。在电脑屏幕前连续工作5个小时，视力就会暂时衰退。另外，房间中光照不均匀或强光照射也是诱发眼睛疲劳的因素。

据德国汉堡环保局的调查显示，电脑和带有荧光屏的设备可产生一种叫二苯并呋喃的有毒气体，这种气体有致癌的可能。因此，使用电脑几个小时后，要对房间进行通风。

此外，电脑的电磁辐射、打印色带的墨粉、一些光电设备的化学物质污染和静电干扰等因素，也会使人体致病。

目前，随着全世界使用电脑人数的增多，使用时间的加长，患电脑病的人数正在不断地增加。因此，预防电脑病也日渐成为人们所关注的问题。

① 键盘

键盘是最常见的计算机输入设备，是用于操作设备运行的一种指令和数据输入装置。它广泛应用于微型计算机和各种终端设备上。键盘也是组成键盘乐器的一部分，如钢琴、数位钢琴或电子琴等上的键盘。

② 软骨

软骨是一种浓密的胶状物质，强壮，比骨头有弹性，构成脊椎动物胚胎和很小的幼体的骨骼。高等脊椎动物的大部分软骨转化为骨，但原始的种类（如鲟鱼和板鳃鱼类）则终生保留，为骨骼的主要成分。

③ 分辨率

分辨率就是屏幕图像的精密度，是指显示器所能显示的像素的多少。可以把整个图像想象成是一个大型的棋盘，而分辨率的表示方式就是所有经线和纬线交叉点的数目。分辨率不仅与显示尺寸有关，还受显像管点距、视频带宽等因素的影响。

49 预防电脑病（一）

人们通过对电脑病的调查研究，针对各种电脑病症状的形成原因，提出了一些行之有效的预防电脑病的措施。长期从事电脑操作的人员，应加强自我保健意识，在工作中可采取如下措施预防电脑病的发生。

创造一个合适的工作环境。室内的光线要适中，不可过亮或过暗，并且要避免光线直接照射屏幕，以免产生干扰光线，应让光线从左面或右面射进来为宜。屏幕颜色以绿色为好，亮度不要太高，以防刺激眼睛。有空调的房间应定期对室内空气进行消毒，如在门旁安装负离子发生器。同时，要常开门窗，以利空气流通，常用换气机更换室内空气。

选择正确的坐姿。操作电脑时要选择可调节高度的座椅，背部有完全的支撑，膝盖弯曲约90度，坐姿舒适。电脑屏幕的中心位置应与操作者胸部在同一水平线上，眼睛与屏幕的距离应在40～50厘米，身体不要与桌子靠得太近，肘部保持自然弯曲。

若连续在屏幕前工作较长时间，应该定期休息。日本劳动省曾规定，电脑操作人员应每隔1小时休息10～15分钟。休息时应站起身来活动活动手脚，也可到室外放松一下，这样对身体健康十分有益。为了保护视力，可看看远处或绿色植物，也可做一会儿眼保健操，使眼部肌肉得到放松。

①绿色可以护眼

绿色对光线的反射和吸收都比较适中，所以人体的大脑皮层、神经系统和眼睛里的视网膜组织对绿色都比较适应。在紧张的工作、学习之后，眺望一下远处的树木，会令紧张的神经放松，使眼睛的疲劳消失。

②膝盖

膝盖是支撑人体的一块骨头，不属于身体中最常受伤的部位，但却可以是最薄弱的。因此，应当注意保护膝盖，适当地运动锻炼，但不能劳累过度，注意保暖，并要注意饮食的合理搭配。

③眼保健操

眼保健操是根据中国医学推拿、经络理论，结合体育医疗综合而成的按摩法，是一项群众性的运动项目。它可以提高人们的眼保健意识，调整眼及头部的血液循环，调节肌肉，改善眼疲劳。

▲ 电脑屏幕颜色以绿色为好

50 预防电脑病（二）

　　预防电脑疾病，平时敲击键盘时不要过分用力，肌肉预要尽量放松。由于电脑操作者敲击键盘次数频繁，因此敲击时应轻轻地敲击，有手腕部位疾病或腱鞘炎的人，应经常活动腕部和手指关节。手腕尽量不要支撑在桌面上，以免腕部受压而损伤，有肩周炎者应常活动肩关节，以避免长时间不活动，肌肉、肌腱发生粘连。

▲ **电脑操作者应多喝绿茶**

　　应经常洗手和洗脸。因电脑屏幕表面有大量静电荷，易于积聚灰尘，操作者的脸及手等裸露之处，容易沾染这些污染物，若不经常清洗，可能会出现难看的黑色斑疹，严重时可导致其他皮肤病。

　　电脑操作者应多食用富含维生素A的食物，如胡萝卜、红枣、动物肝脏等。此外，电脑操作者还可多饮绿茶，因为绿茶中含有多种酚类物质，能对抗电脑产生的一些有害物质。

妇女在怀孕期间，不要从事电脑工作。因为实验表明，电脑周围产生的低频电磁场，可对胚胎产生不良的生物效应，干扰胚胎的正常发育而造成流产。所以必须从事电脑工作的孕妇，应多注意自我保护，尤其是在怀孕早期，应尽量减少操作时间，如能暂时调换一下工作更好，以防患于未然。

❶ 腱鞘炎

腱鞘就是套在肌腱外面的双层套管样密闭的滑膜管，是保护肌腱的滑液鞘。肌腱在长期过度摩擦时，可发生肌腱和腱鞘的损伤性炎症，引致肿胀，这种情况便称为腱鞘炎。若不治疗，便有可能发展成永久性活动不便。

❷ 维生素

维生素又名维他命，是人和动物为维持正常的生理功能而必须从食物中获得的一类微量有机物质。它在人体生长、代谢、发育过程中发挥着重要的作用。维生素在体内的含量很少，但不可或缺。维生素是个庞大的家族，目前所知的维生素就有几十种，大致可分为脂溶性和水溶性两大类。

❸ 绿茶

绿茶是采取茶树新叶，未经发酵，经杀青、揉捻、干燥等典型工艺而制成的。其冲泡后茶汤较多地保存了鲜茶叶的绿色主调。绿茶作为中国的主要茶类，全国年产量约10万吨，产量位居六大初制茶之首。常饮绿茶能防癌和降血脂，还可防电脑辐射。

51 手机污染

　　自从摩托罗拉公司推出世界上第一台移动电话后，这种小巧灵便的通讯工具便受到人们的偏爱，迅速而广泛地渗透到现代生活的每一个角落。据统计，目前全世界手机用户已达50亿，而且仍在不断地增加。人们手持灵巧美观的电话进行繁忙的业务联系和通讯交流，已是生活中司空见惯的情景。然而，就在这潇洒和方便之中，使用者也受到了过量的高频率电磁波（超短波）辐射污染的伤害。

　　手机是在超短波段工作，其功率比微波炉还大。当人受到超短波频率无控制的辐射时，会产生头痛、头晕、疲倦无力、周身不适等症状，多次重复辐射，危害更大，不仅症状加重，严重者可导致白内障。当然，不同功率的手机因其所发出的电磁辐射强度不同，对人体的危害也不同。目前，手机辐射强度一般在每平方厘米1800～2000微瓦，但中国的《环境电磁波卫生标准》中规定，手机范围内的一级卫生标准为每平方厘米10微瓦。显然，手机的电磁波辐射强度远远超过国家标准，会产生较强的电磁波污染，而电磁波污染对人体的伤害作用早已被医学所证明。

1 微波炉

　　微波炉是一种用微波加热食品的现代化烹调灶具，由电源、磁控管、控制电路和烹调腔等部分组成。微波是一种电磁波，能穿过玻璃、陶瓷、塑料等绝缘材料，但一碰到金属就发生反射，故用微波炉加热东西时，不可使用金属容器。

▲ 手机会产生较强的电磁波辐射

② 通讯

通讯就是利用电讯设备传送消息或音讯，有时指来回地传送。通讯也是一种新闻体裁，是运用叙述、描写、抒情、议论等多种手法，具体、生动、形象地反映新闻事件或典型人物的一种新闻报道形式。它包括人物通讯和事件通讯两类。

③ 功率

功率是指物体在单位时间内所做的功，即描述做功快慢的物理量。功的数量一定，时间越短，功率值就越大。一般电器的额定功率是电器长期正常工作时的最大功率，也是电器在额定电压或额定电流下工作时的电功率。

52 手机与肿瘤

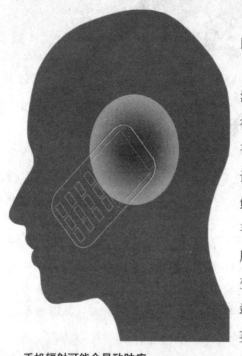

据报道，不久前，美国医生发现，用无线电探测器（这种探测器也会辐射超短波）确定汽车速度的警察，很多患有肿瘤。但是手机是否会导致肿瘤，目前尚无定论，不过此类报道也屡见不鲜。一位意大利企业家使用手机三年后，脑部发现恶性肿瘤，经CT扫描确认，病变部位恰好位于手机天线顶端习惯放置在头部的位置。英国学者认为，手机能加速脑癌的扩展。澳大利亚的约

▲ 手机辐射可能会导致肿瘤

翰·霍特教授在研究后认为，有的癌症在手机使用者身上扩散的速度是常人的20倍。中国也有此类报道，许多手机使用者反映有电磁过敏症状，如头痛、头晕、失眠、多梦、全身乏力等。

中国某医院曾经发生了这样一件事情：一位心脏病患者在安装了心脏起搏器后情况正常，即将出院。不料在出院前一天上午突然出现

变化，起搏器工作状态不稳。医生经过多方查找，终于发现是手机在作怪。原来，同病房患者的亲友来探视时，在病房用手机打电话，病人马上感到胸闷、气短、心跳异常。因此可以断定，真正的元凶是手机发出的电磁辐射。

防患于未然是保护自己的最好办法，人类不会因电磁辐射而弃手机于不用，也不会听任其对自己造成伤害。专家们告诫用户，使用手机时应当"短讲、远离、勤换"。勤换是指使用时可在左右耳之间轮换。另外，在日常生活、工作中，要尽量少用手机，把它作为临时性的通讯工具，以减少电磁波对身体的伤害。

❶ CT

CT是电子计算机X线断层扫描技术的简称，是一种功能齐全的病情探测仪器。1967年，英国电子工程师亨斯菲尔德首先研究了模式的识别，然后制作了一台能加强X射线放射源的简单的扫描装置，即后来的CT。

❷ 心脏病

心脏病是心脏疾病的总称，包括风湿性心脏病、先天性心脏病、高血压性心脏病、冠心病、心肌炎等各种疾病。心脏病患者体检时应查的项目有内科检查、血压、心电图、血脂、血糖、肝肾功能、血常规。

❸ 心脏起搏器

心脏起搏器就是一个人为的"司令部"，它能替代心脏的起搏点，使心脏有节律地跳动起来。人工心脏起搏器是一种植入人体内的电子治疗仪器，通过电子脉冲发放由电池提供能量的电脉冲，再通过导线电极的传导，刺激电极所接触的心肌，使心脏跳动。

53 复印机污染

在我们现代化生活的今天，复印机以其快捷、高效、方便等特点成为办公自动化的工具之一。复印机进入办公室和我们的日常生活中，可以节省大量的文印时间和人力。复印机工作不需要传统的制版排字的程序，也不需要进行校对复核，它可根据用户的需要在几秒钟内等倍、放大或缩小复印品。其效率之高大大优于以往各种文印

▲ 复印机会造成办公环境污染

设备。随着复印机技术的发展，复印机的工作效率也在不断提高。现在，西方发达国家已生产出每分钟复印数百张复印纸的复印机，其速度之快，效果之好，实在惊人。彩色复印机的问世，更是把复印技术推向了一个崭新阶段。

然而，复印机的广泛应用，也给办公室环境造成了严重污染。据研究，复印机在工作时，带高压电的部件会与空气中的氧发生化学反

应，产生臭氧和烟雾状物质，这些物质会危害人体健康。复印机长时间工作，复印机旁臭氧浓度过高，会使机旁工作人员的眼、喉产生刺痛感，并会引起肺炎、支气管炎、肺水肿等病症，还会使人的免疫力下降，引发多种疾病，更可怕的是还可能引发癌症。据日本公共健康研究所专家测定，在连续工作的复印机周围50厘米内的空气中，臭氧浓度超过安全标准的两倍多。所以，长期在复印机旁工作和生活的人，应注意防止臭氧对身体的损害。

❶ 高压电 ▶

高压电是指配电线路交流电压在1000伏以上或直流电压在1500伏以上的电源。一般而言，高压电对人体的影响在于电击与电磁波。在高压电四周作业时，应有适度防护措施并保持安全距离，否则应先将高压电切断再施工，以免遭电击身亡。

❷ 办公室 ▶

办公室是处理一种特定事务的地方或提供服务的地方，一般由办公设备、办公人员及其他辅助设备组成。不同类型的企业，办公场所有所不同。在办公室适合放些对人和工作有帮助的东西，如花、画等。

❸ 肺炎 ▶

肺炎是指终末气道、肺泡和肺间质的炎症。其症状表现为发热，呼吸急促，持久干咳，可能有单边胸痛，深呼吸和咳嗽时胸痛，有痰，可能含有血丝。肺炎可由细菌、病毒、真菌、寄生虫等致病微生物以及放射线、吸入性异物等理化因素引起。

54 复印机综合征

复印机使用的墨色显影粉是一种对人体有害的物质。这种显影粉含有多环芳烃和硝基芘等，能使人体细胞结构发生变化。在一般情况下，复印机工作时，周围空气中的显影粉浓度还不至于产生危害，但在更换或添加显影粉时，其浓度会远远超过安全界限，影响人体正常的新陈代谢，从而对人体产生伤害。

伴随着复印机数量和复印机工作人员的增加，患有支气管炎和肺炎等"复印机综合征"的人数也在不断增加。如今，复印机污染的危害已引起人们的关注，而防护和减轻复印机污染也正日益受到重视。

为了减轻复印机带来的污染，要把复印机安置在通风条件较好的

▲ 清洁墨盒时要防止墨粉扩散

房间，并经常打开门窗通风，也可安装排气扇等设施以利空气流通。在复印机旁工作的人员要加强自我防护意识，比如，室内通风条件较差时，在复印机旁工作半小时左右应到室外休息一会儿再回来继续操作，尤其在更换、添加显影粉时，要注意防止显影粉的扩散。此外，复印机操作人员平常要适当服用维生素E，这样可以使细胞生物膜免受氮氧化合物的伤害。

❶ 排气扇

排气扇又称通风扇，是由电动机带动风叶旋转驱动气流，使室内外空气交换的一类空气调节电器，广泛应用于家庭及公共场所。其目的是除去室内的污浊空气，调节温度、湿度和感觉效果。

❷ 维生素E

维生素E又称生育酚，是一种脂溶性维生素，是最主要的抗氧化剂之一。它能促进性激素分泌，提高生育能力，还可用于防治烧伤、冻伤、毛细血管出血、更年期综合征等。近来，有研究表明维生素E可预防近视的发生和发展。

❸ 生物膜

生物膜是围绕细胞或细胞器的脂双层膜，由磷脂、蛋白质、胆固醇和糖脂等构成，起渗透屏障、物质转运和信号传导的作用。生物膜形态上都呈双分子层的片层结构，厚度为5～10纳米。生物中除某些病毒外，都具有生物膜。

55 电视机的危害

▲ 电视的彩色光波会刺激人的眼睛

目前，电视机已经走进千家万户，成为现代家庭中最为普遍的电器之一。它极大地方便了人们的生活和学习，给人们的生活带来了无穷的乐趣。可是，由于使用不当及缺乏自我保护意识，电视机也给人们的身体健康带来了许多危害，应该引起人们的注意。

长时间地收看电视，尤其是彩色电视，会对人的视力产生不利影响，可导致视力下降及各种眼病发生。看电视时，五彩缤纷的画面使人眼花缭乱，看的时间长了，眼球受彩色光波的刺激，往往会发生暂时性视力减退，看东西会感到模糊。据调查，如果连续收看4小时的电视，人的视力就会暂时减退30%，长期下去就会使视力明显下降。

据报道，某些国家冬季流行一种眼干燥症，出现眼痛、眼内干涩不适、有异物感等症状，其原因就与看电视有关。眼泪的分泌同眨眼次数相关。眨眼次数越多，眼泪分泌量就越多，反之则少。收看电视时，长时间注视屏幕，目不转睛，很少眨眼，加之冬季气候干燥，已减少的泪液又很快蒸发，这样就会影响泪膜的形成。而泪膜具有滋养、保护角膜的功能和屈光作用。泪膜难以形成，就会使角膜失去保护，导致眼干燥症的发生。

❶ 角膜

角膜是眼睛最前面的透明部分，从后面看角膜呈正圆形，从前面看为横椭圆形。角膜覆盖虹膜、瞳孔及前房，并为眼睛提供大部分屈光力。角膜有十分敏感的神经末梢，如有外物接触角膜，眼睑便会不由自主地合上以保护眼睛。

❷ 眼干燥症

眼干燥症的症状是眼睛有干涩、灼痛感，眼屎较多，有的还会眼酸、眼痒、怕光和视力减退。眼干燥症还可引发头痛、烦躁、疲劳、注意力难以集中等病症，严重时会发生角膜软化穿孔，在检查时可以看到眼结膜充血。

❸ 屈光

屈光是光线由一种介质进入另一种具有不同折射率的介质时，前进方向会发生改变的现象。眼是人体观察客观事物的感觉器官。外界远、近物体发出或反射出来的光线，不论是平行的还是分散的，均需经过眼的屈光系统屈折后，集合结像于视网膜上。

56 预防电视机的危害

电视机工作时会放出大量的射线，这些射线会对人体细胞甚至染色体造成危害，尤其是当人们长时间、近距离观看电视时，危害更大。美国有一项统计报告表明，在销售彩电荧幕部门工作的18名孕妇，在两年间有7人流产，1人早产，3人产下畸形儿，其原因主要与彩电放出的X射线有关。所以，科学家们一再呼吁，看电视时与电视机的距离应在2米以上，孕妇为了胎儿的健康，不要看电视。

电视机工作时还会在其附近产生大量的静电荷，它们可使空气中的微生物和变态粒子黏附在人的脸部皮肤上，长出难看的黑色斑疹，影响人的形象。因此，看电视结束，一定要洗脸，以避免黑色斑疹的产生。

长时间看电视，还会损耗大量的维生素A，引起眼疲劳、尾骨痛、头痛、神经紧张、消化不良和身体疲乏等症状，从而危害健康。

为了保护人体健康，在收看电视时，应注意控制看电视的时间，尤其儿童看电视的时间不宜过长。同时调整电视屏幕，使之亮度适中、光线柔和。此外，科学家发明了"视保屏"，在电视机前安放视保屏，可以保护眼睛，保护人体少受伤害。

❶ 染色体

染色体是细胞内具有遗传性质的物体，易被碱性染料染成深色。

染色体在显微镜下呈丝状或棒状，主要由脱氧核糖核酸和蛋白质组成。染色体是在1879年由德国生物学家弗莱明发现，并在1888年正式被命名的。

❷ X射线

X射线是波长介于紫外线和γ射线间的电磁辐射。因其是由德国物理学家伦琴于1895年发现的，故又称伦琴射线。X射线波长非常短，频率很高，具有很强的穿透本领，能透过许多对可见光不透明的物质。

❸ 维生素A

维生素A的化学名为视黄醇，是最早被发现的维生素，可分为维生素A$_1$、维生素A$_2$两种。维生素A可维持正常的视觉功能，维护上皮组织细胞的健康和促进免疫球蛋白的合成，维持骨骼的正常生长发育，还可促进生长与生殖、抑制肿瘤生长。

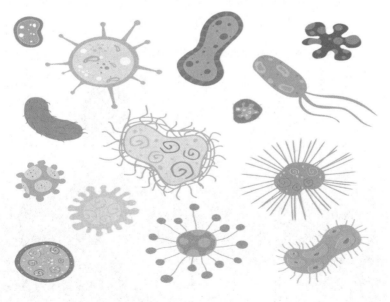

电视机工作时产生的电荷会将微生物黏附在人的皮肤上

113

57 医院污水危害大

　　医院是患病者看病、疗病的地方，一提起医院，人们可能马上就会联想到病毒和细菌，特别是传染病院、结核病院和大型综合性医院的传染病房，更是细菌和病毒大量集中的地方。从这些地方排出的污水里，也不同程度地含有各种病菌、病毒、寄生虫卵和有毒有害物质。如果这些污水不做任何处理就排入城市下水道或者江河湖泊里，就会污染环境、污染水源、传播疾病，危害人们的身体健康。

　　据研究，医院的污水里含有伤寒杆菌、结核杆菌、痢疾杆菌、传染性肝炎病毒、蛔虫卵、钩虫卵、放射性同位素和重金属等有害物质。而各种细菌、病毒和寄生虫卵对外界环境又都具有一定的适应能

▲ 医院污水危害很大

力，它们可以在污水里存活较长时间。例如霍乱弧菌在污水中可以存活5～12天，伤寒杆菌在污水中可以存活24～27天，骨髓灰质炎病毒在污水中可以存活3个月以上。当医院污水排入地表水体后，其中的细菌和病毒会污染地表水体，甚至污染饮用水源，从而传播与之有关的各种疾病。当人们饮用了含有细菌和病毒的水或者食用了被细菌和病毒污染了的食物的时候，就会得病，甚至引起传染病的爆发和流行。通过流行病学的调查和细菌学的检验证明，历史上流行的瘟疫，许多都与生活饮用水被污染有关。

❶ 病毒

病毒是由一个核酸分子与蛋白质构成的非细胞形态的营寄生生活的生命体。病毒比细菌还小，没有细胞结构，只能在细胞中增殖，多数要用电子显微镜才能观察到。

❷ 肝炎

肝炎是肝脏的炎症，通常是指由多种致病因素，如病毒、寄生虫、细菌、药物和毒物等，侵害肝脏，使得肝脏的细胞受到破坏，肝脏的功能受到损害。肝炎有不同的类型，各型肝炎的病变主要是在肝脏，都有一些类似的临床表征。

❸ 瘟疫

瘟疫是由一些强烈致病性微生物，如细菌、病毒引起的传染病，通常是自然灾害后环境卫生不好而引起的。病情严重，对人类后代的影响巨大的瘟疫有黑死病、鼠疫、天花、流感等。

58 医院污水的来源

　　医院污水主要来源于诊疗室、化验室、病房、洗衣房、X光照相洗印、动物房、同位素治疗室、手术室等的排水；医院行政管理和医务人员排放的生活污水；食堂、单身宿舍、家属宿舍的排水。

　　医院污水受到粪便、传染性细菌和病毒等病原性微生物污染，具有传染性，可以诱发疾病或造成伤害。牙科治疗、洗印和化验等过程产生的污水含有重金属、消毒剂、有机溶剂等，部分具有致癌、致畸或致突变性，危害人体健康并对环境有长远影响。同位素治疗和诊断会产生放射性污水，而同位素在衰变过程中产生的放射性，在人体内积累到一定程度就会危害人体健康。

　　传染病院的污水里含有伤寒杆菌、痢疾杆菌、传染性肝炎病毒等多种病菌、病毒和寄生虫卵，其污染最重，常可导致伤寒、痢疾、肝炎等疾病。而结核病医院里的污水，主要含有大量的结核杆菌，可导致结核病的发生和流行。综合性医院大体可分为门诊、理疗、病房、附属房四大部门，所以排放的污水成分十分复杂。其中，从门诊部排出来的污水，一般来说污染比较严重，而从妇产科、眼科、神经内科等病房排出来的污水，相对来说污染就轻一些。

❶ 伤寒

　　伤寒是由伤寒杆菌引起的急性消化道传染病，主要分为普通型、轻型、爆发型、迁延型、逍遥型和顿挫型。典型病例以持续发热、相对缓脉、神情淡漠、脾大、玫瑰疹和白细胞减少等为特征，主要并发症为肠出血和肠穿孔。

❷ 理疗

理疗，即物理治疗，是利用人工或自然界的物理因素作用于人体，使之产生有利的反应，从而达到预防和治疗疾病目的的方法，是康复治疗的重要内容。理疗可分为两大类：人工物理因素疗法和自然物理因素疗法。具体有电疗法、磁疗法、光疗法、超声疗法、传导热疗法和瑜伽疗法。

❸ 肺结核

肺结核是严重威胁人类健康的疾病，是由结核分枝杆菌引发的肺部感染性疾病。结核病的传染源主要是痰涂片或培养阳性的肺结核患者，其中尤以涂阳肺结核的传染性最强。肺结核主要通过呼吸道传播。糖尿病、肿瘤患者和器官移植、长期使用免疫抑制药物或者皮质激素者易伴发结核病。

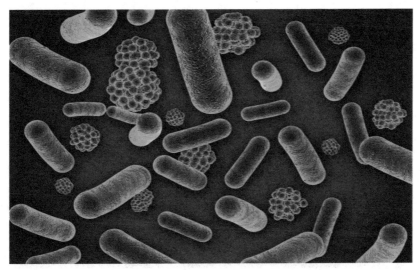

▲ 医院污水中含多种致病菌

59 医院污水的治理

医院污水排放时，必须进行认真处理。一般来说，医院污水的处理方法分为一级处理和二级处理两种。一级处理主要是用物理的方法对污水进行过滤和沉淀，除去污水里漂浮和悬浮的污染物质，使污水得到初步净化。二级处理，也称生物处理法，就是通过微生物对污水中的溶解性有机物和胶体物进行氧化、还原和合成等过程，把有机物氧化成简单的无机物，使有害物质变成无害物质。

在实际工作中，应根据污水的成分及各有害成分含量的不同，选择适当的处理方法。污水污染程度比较轻的，处理方法就可以简单一些，污染比较重的，处理方法就要复杂一些。另外，还要特别注意

▲ 污水处理系统

污水排放的去向。排放的去向不同，处理的要求也不相同。比如，排放到城市下水道的污水就可以处理得简单一些，因为这些污水和城市污水汇合后还要在城市污水处理厂进一步处理。如果是排向海洋的污水，也可以采用简单的一级处理方法，因为海洋水体具有极强的自净能力，而医院污水的水量很小，排入海洋后会被海水稀释和净化，一般不会造成危害。但是，如果污水排入生活饮用水源、淡水养殖场或者游泳场等水体，就必须采用复杂的处理方法，而且还要进行严格的消毒。

❶ 溶解

溶解在广义上讲，是两种或两种以上物质混合而成为一个分子状态的均匀相的过程；狭义上则是一种液体与固体、液体、气体产生化学反应成为一个分子状态的均匀相的过程。溶质溶解于溶剂中就形成了溶液，溶液并不一定为液体，也可以是固体、气体。

❷ 海洋

海洋是地球表面被陆地分割但彼此相通的广大水域，总面积约为3.6亿平方千米，大概占地球表面积的71%，故常常有人将地球称作"水球"。海洋中水的体积为13.5亿多立方千米，占地球上总水量的97%。

❸ 淡水

每升水含盐量小于0.5克的属于淡水。地球上淡水总量的68.7%都是以冰川的形态出现的，并且分布在难以利用的高山和南北极地区，还有部分埋藏于深层地下的淡水很难被开发、利用。人们通常饮用的都是淡水，并且对淡水资源的需求量越来越大，目前可被直接利用的是湖泊水、河床水和地下水。

60 医院污水的消毒处理

目前，医院污水的消毒方法主要有氯化法、次氯酸钠法、氯片法和臭氧法四种。

氯化法是采用液氯作为消毒剂，杀死污水中的细菌和病毒。这种方法杀菌效果好，成本也很低，是一种比较成熟的消毒方法，为大多数医院所采用。

次氯酸钠消毒法是把食盐电解成次氯酸钠作为消毒剂。这种方法安全可靠，成本也比较低。不过，在电解次氯酸钠时，需要制备大量的盐水，劳动强度大，工程造价高，因此在有条件时，宜采用液氯作为消毒剂。

在一些小型医院和门诊部，可以采用氯片消毒法来处理污水。氯片是用含有效氯为65%左右的漂粉精制成的。当医院的污水通过装有氯片的消毒器时，氯片便溶解而产生消毒灭菌作用。水量大的时候，氯片溶解量也大，水量小的时候，氯片的溶解量也小。这样，无论水量大小，都可以达到消毒灭菌的效果。这种方法简便易行，但成本高，只在一些污水量小的医院使用。

近年来，一些医院开始采用臭氧消毒法处理医院污水。臭氧是一种很强的氧化剂和高效杀菌消毒剂，它能够迅速消灭抗氯性比较强的芽孢和病毒。但是，使用这种办法处理污水耗电量大，成本较高，所以还没有广泛使用。

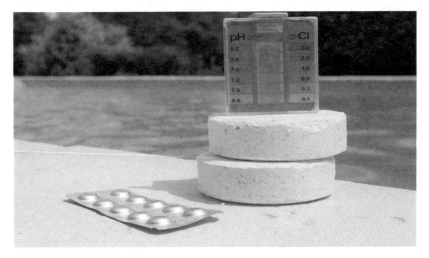

▲ 氯片可以处理一些小型医院的污水

❶ 次氯酸钠

次氯酸钠是钠的次氯酸盐，不燃，具腐蚀性，可致人体灼伤，具致敏性，经常用手接触本品的工人，手掌会大量出汗，指甲变薄，毛发脱落。次氯酸钠与二氧化碳反应产生的次氯酸是漂白剂的有效成分。

❷ 芽孢

芽孢是有些细菌（多为杆菌）在一定条件下，细胞质高度浓缩脱水所形成的一种抗逆性很强的休眠体。芽孢一般呈圆形、椭圆形、圆柱形。在不同细菌中，芽孢所处的位置不同。每一个细胞仅形成一个芽孢，所以其没有繁殖功能。

❸ 漂粉精

漂粉精又称高效漂白粉，主要成分是次氯酸钙，白色粉末或颗粒，易溶于冷水，有强烈氯臭，具有腐蚀性和较强的氧化性，还具有很强的杀菌、消毒、净化和漂白作用，在洗毛、纺织、造纸等行业具有广泛的应用。